TEORÍA DEL CONOCIMIENTO

RUDOLF STEINER

Traducción de A. López-González

Elefante Books

MMXXIII

ELEFANTE BOOKS©
& Educational Technologies
RIF J-503454024

ISBN 9798392491131

La traducción del alemán *"Grundlinien Einer Erkenntnistheorie der Goetheschen Weltanschauung mit besonderer Ruecksicht auf Schiller. Zugleich eine Zugabe zu Goethes "Naturwissenschaftlichen Schriften"* (1.886) al castellano, para esta edición, es de Alejandro López-González, PhD. Todos los derechos reservados®

CONTENIDO

NOTA INFORMATIVA

Este libro apareció por primera vez en 1886. En él, Steiner aborda la pregunta epistemológica, "¿Cómo se sabe?" Su punto de partida es la epistemología más o menos no expresada de Goethe en sus escritos científicos y en otros lugares. Esta es una buena introducción a la metodología de Goethe. La traducción al castellano, a partir de los originales en Alemán, para esta edición fue realizada por el Dr. Alejandro López-González editor jefe de Elefante Books & Educational Technologies.

PREFACIO

Este estudio de la teoría del conocimiento implícita en la concepción del mundo de Goethe fue escrito a mediados de la década 1880-90. Mi mente estaba entonces vitalmente ocupada en dos actividades de pensamiento. Uno se dirigió hacia el trabajo creativo de Goethe, y se esforzó por formular la visión de la vida y del mundo que se reveló como la fuerza impulsora en este trabajo creativo. Lo completa y puramente humano me parecía dominante en todo lo que Goethe daba al mundo en el trabajo creativo, en la reflexión y en su vida. En ninguna parte de la era moderna esa seguridad interior, la integridad armoniosa y el sentido de la realidad en relación con el mundo me parecieron tan plenamente representados como en Goethe. De este pensamiento surgió necesariamente el reconocimiento del hecho de que la manera, del mismo modo, en que Goethe se comportó en el acto de la cognición es la que surge de la naturaleza misma del hombre y del mundo.

En otra dirección, mi pensamiento estaba vitalmente absorto en las concepciones filosóficas prevalecientes en ese momento con respecto a la naturaleza esencial del conocimiento. En estas concepciones, el conocimiento amenazaba con sellarse dentro del ser del hombre mismo. El brillante filósofo Otto Liebmann había afirmado que la conciencia humana no puede pasar más allá de sí misma; que debe permanecer dentro de sí mismo. Lo que existe, como la verdadera realidad, más allá de ese mundo que la conciencia forma dentro de sí misma, de esto no puede saber nada. En brillantes escritos, Otto Liebmann elaboró este pensamiento con respecto a los aspectos más variados del ámbito de la experiencia humana. Johannes Volkelt había escrito sus libros reflexivos sobre la teoría del conocimiento de Kant y con la experiencia y el pensamiento. Vio en el mundo como dado al hombre sólo una combinación de representaciones basadas en la relación del hombre con un mundo en sí mismo desconocido. Admitió, sin duda, que una inevitabilidad se manifiesta en nuestra experiencia interna de pensamiento cuando esto se mantiene en el ámbito de las representaciones. Cuando nos dedicamos a la actividad de pensar, tenemos el sentido, de alguna manera, de forzar nuestro camino a través del mundo de las representaciones hacia el mundo de la realidad. Pero ¿qué se gana con ello? Por esta razón, podríamos sentirnos justificados, durante el proceso de pensar, para formar juicios sobre el mundo de la realidad; pero en tales juicios permanecemos totalmente dentro del hombre mismo; Nada de la naturaleza del mundo penetra en él.

Eduard von Hartmann, cuya filosofía me había sido de gran servicio, a pesar del hecho de que no podía admitir sus presuposiciones o conclusiones fundamentales, ocupaba exactamente el mismo punto de vista con respecto a la teoría del conocimiento expuesta exhaustivamente por Volkelt.

En todas partes se manifestó la confesión de que el conocimiento humano llega a ciertas barreras más allá de las cuales no puede pasar al reino de la realidad genuina.

En oposición a todo esto estaba en mi caso el hecho, interiormente experimentado y conocido en la experiencia, de que el pensamiento humano, cuando alcanza una profundidad suficiente, vive dentro de la realidad del mundo como una realidad espiritual. Creía que poseía este conocimiento en una forma que puede existir en la conciencia con la misma claridad que caracteriza el conocimiento matemático.

En presencia de este conocimiento, es imposible sostener la opinión de que existen tales límites de cognición como se suponía que debían establecerse por el curso del razonamiento al que me he referido.

En referencia a todo esto, estaba algo inclinado hacia la teoría de la evolución entonces en su flor. En Haeckel, esta teoría había asumido formas en las que no se podía dar consideración alguna al ser y la acción auto existentes de lo espiritual. Se suponía que lo posterior y más perfecto surgiría en el transcurso del tiempo de lo anterior, lo subdesarrollado. Esto era evidente para mí en lo que respecta a la realidad externa de los sentidos, pero yo era demasiado consciente de lo espiritual auto existente, descansando sobre su propio fundamento, independiente de lo sensible, para ceder el argumento al mundo externo de los sentidos. Pero el problema era cómo tender un puente de este mundo al mundo del espíritu.

En la secuencia temporal, pensada sobre la base de los sentidos, lo espiritual en el hombre parece haber evolucionado a partir del antecedente no espiritual. Pero lo sensible, cuando se concibe correctamente, se manifiesta en todas partes como una revelación de lo espiritual. A la luz de este verdadero conocimiento de lo sensible, vi claramente que los "límites del conocimiento", tal como se definían entonces, sólo podían ser admitidos por alguien que, cuando se pone en contacto con este sensible, lo trata como un hombre que debe mirar una página impresa y, fijando su atención en las formas de las letras solo sin ninguna idea de lectura, debe declarar que es imposible saber qué hay detrás de estas formas.

Así, mi mirada fue guiada a lo largo del camino de la observación sensorial a lo espiritual, que estaba firmemente establecido en mi conocimiento experiencial interno. Detrás de los fenómenos sensibles, buscaba, no un mundo no espiritual de átomos, sino lo espiritual, que parece revelarse dentro del hombre mismo, pero que en realidad es inherente a los objetos y procesos del mundo sensorial mismo. Debido a la actitud del hombre en el acto de conocer, parece como si los pensamientos de las cosas estuvieran dentro del hombre, mientras que en realidad dominan dentro de las cosas mismas. Es necesario que el hombre, al experimentar lo aparente, separe los pensamientos de las cosas; pero, en una verdadera experiencia de conocimiento, los restaura nuevamente a las cosas.

La evolución del mundo debe entenderse así de tal manera que el antecedente no espiritual, a partir del cual se despliega la espiritualidad sucesiva del hombre, posee también un espiritual fuera de sí mismo y fuera de sí mismo. La posterior sensibilidad, impregnada del espíritu, en medio de la cual aparece el hombre, sucede debido al hecho de que el progenitor espiritual del hombre se une con formas imperfectas, no espirituales, y, habiéndolos transformado, aparece en formas sensibles.

Este curso de pensamiento me llevó más allá de los teóricos contemporáneos del conocimiento, a pesar de que reconocí plenamente su perspicacia y su sentido de responsabilidad científica. Me llevó a Goethe.

Me siento impulsado a mirar hacia atrás desde el presente a mi lucha interior en ese momento. No fue fácil para mí avanzar más allá del curso del razonamiento que caracteriza a las filosofías contemporáneas. Pero mi estrella guía fue siempre el reconocimiento auto fundamentado del hecho de que es posible que el hombre se contemple interiormente como espíritu, independiente del cuerpo y morando en un mundo de espíritu.

Antes de mi trabajo sobre los escritos científicos de Goethe y antes de la preparación de esta teoría del conocimiento, había escrito un breve artículo sobre el atomismo, que nunca se imprimió. Esto fue concebido en la dirección aquí indicada. No puedo dejar de recordar el placer que experimenté cuando Friedrich Theodor Vischer, a quien envié ese documento, me escribió algunas palabras de aprobación.

Pero en mis estudios de Goethe me quedó claro que mi forma de pensar me llevó a una percepción del carácter del conocimiento que se manifiesta en todas partes en el trabajo creativo de Goethe y en su actitud hacia el mundo. Percibí que mi punto de vista me proporcionaba una teoría del conocimiento que pertenecía a la concepción del mundo de Goethe.

Durante los años ochenta del siglo pasado fui invitado a través de la influencia de Karl Julius Schröer, mi maestro y amigo paternal, con quien estoy profundamente en deuda, a preparar las introducciones a los escritos científicos de Goethe para el Kürschner National-Literatur, y editar estos escritos. Durante el progreso de este trabajo, tracé el curso de la vida intelectual de Goethe en todos los campos con los que estaba ocupado. Se hizo cada vez más claro para mí en detalle que mi propia percepción me colocaba dentro de esa teoría del conocimiento perteneciente a la concepción del mundo de Goethe. Así fue como escribí esta teoría del conocimiento en el curso del trabajo que he mencionado.

Ahora que vuelvo a centrar mi atención en ella, me parece que también es el fundamento y la justificación, como teoría del conocimiento, para todo lo que desde entonces he afirmado oral o impresamente. Habla de una naturaleza esencial del conocimiento que abre el camino del mundo de los sentidos a un mundo de espíritu.

Puede parecer extraño que esta producción juvenil, escrita hace casi cuarenta años, ahora se publique de nuevo, inalterada y ampliada solo por medio de notas. En la forma de su presentación, lleva las marcas de un tipo de pensamiento que había entrado vitalmente en la filosofía de ese tiempo, hace cuarenta años. Si estuviera escribiendo el libro ahora, debería expresar muchas cosas de manera diferente. Pero la naturaleza esencial del conocimiento no podría exponerla bajo ninguna luz diferente. Además, lo que podría escribir ahora no podría transmitir tan verdaderamente dentro de sí mismo el germen de la concepción espiritual del mundo que represento. De tal manera germinal uno puede escribir sólo al comienzo de su vida intelectual. Por esta razón, puede ser bueno que esta producción juvenil vuelva a aparecer en forma inalterada. Las teorías del conocimiento existentes en el momento de su composición han encontrado su secuela en teorías posteriores del conocimiento. Lo que tengo que decir al respecto lo he dicho en mi libro Die Rätsel der Philosophie. Esto también será publicado en una nueva edición al mismo tiempo por los mismos editores. Lo que esbocé hace muchos años como la teoría del conocimiento implícita en la concepción del mundo de Goethe me parece tan necesario decirlo ahora como lo fue hace cuarenta años.

Rudolf Steiner

El Goetheanum

Dornach bei Basel, Suiza, noviembre de 1923

PRÓLOGO A LA PRIMERA EDICIÓN

Cuando el profesor Kürschner me hizo el honor de confiarme la tarea de editar los escritos científicos de Goethe para la Deutsche National-Literatur, era plenamente consciente de las dificultades a las que me enfrentaba en tal empresa. Sería necesario que me opusiera a un punto de vista que se había establecido casi universalmente. Mientras que en todas partes gana terreno la convicción de que los escritos poéticos de Goethe son la base de toda nuestra cultura, incluso aquellos que van más lejos en reconocimiento de sus escritos científicos ven en estos nada más que premoniciones de verdades que han sido plenamente confirmadas en el progreso posterior de la ciencia. Debido a su genio, según se sostiene, le fue posible alcanzar de un vistazo las premoniciones de las leyes naturales que luego fueron descubiertas nuevamente por métodos estrictamente científicos con bastante independencia de él. Lo que se admite en el más alto grado con respecto a las otras actividades de Goethe — que toda persona bien informada debe llegar a un juicio al respecto— no se admite en cuanto a su punto de vista científico. De ninguna manera se reconoce que, familiarizándonos con las obras científicas del poeta, se puede ganar algo que la ciencia no nos ofrece aparte de él.

Cuando mi amado maestro, Karl Julius Schröer, me presentó la concepción del mundo de Goethe, mi pensamiento ya había tomado una dirección que me permitió dirigir mi atención, más allá de los descubrimientos individuales del poeta, a los fundamentos: a la manera en que Goethe mezcló tal descubrimiento único con la totalidad de su concepción de la Naturaleza; la manera en que hizo uso de este descubrimiento para llegar a una visión de las interrelaciones de las entidades de la Naturaleza, o —para usar la sorprendente expresión que él mismo empleó en el artículo Anschauende Urteilskraft — para participar mentalmente en las producciones de la Naturaleza. Pronto reconocí que esos logros que la ciencia contemporánea atribuye a Goethe no eran lo esencial, mientras que el asunto realmente significativo se pasó por alto. Esos descubrimientos únicos realmente se habrían hecho sin las investigaciones de Goethe; pero su elevada concepción de la Naturaleza estará ausente de la ciencia mientras esta concepción no se derive del propio Goethe. Fue así como se determinó la dirección que debían tomar mis introducciones para la edición. Estos deben mostrar que cada opinión detallada expresada por Goethe debe derivarse de la totalidad de su genio.

Los principios según los cuales esto debe llevarse a cabo constituyen el tema del presente breve tratado. Se compromete a mostrar que lo que exponemos como puntos de vista científicos de Goethe es capaz de establecerse sobre su propia base autosuficiente.

Con esto, he dicho todo lo que me pareció necesario como prefacio a la siguiente discusión, excepto que debo cumplir con un deber agradable: la expresión de mi más sincero agradecimiento al profesor Kürschner, quien me ha prestado su ayuda en esta composición con la misma extraordinaria amabilidad que siempre ha mostrado hacia mis empresas científicas.

Rudolf Steiner

Finales de abril de 1886

PRIMERA PARTE: Preguntas preliminares

EL PUNTO DE PARTIDA

Cuando rastreamos cualquiera de las corrientes intelectuales del tiempo presente hasta su fuente, invariablemente llegamos a uno de los grandes espíritus de nuestra "era clásica". Goethe o Schiller, Herder o Lessing dieron un impulso; Y de este impulso ha surgido tal o cual movimiento intelectual que continúa incluso hoy en día. Toda nuestra cultura alemana se basa tan directamente en los grandes escritores de esa época que muchos de los que se consideran completamente originales no logran nada más que la expresión de lo que hace mucho tiempo fue insinuado por Goethe o Schiller. Hemos entrado en una unión tan viva con el mundo creado por ellos que cualquiera que se desvíe de la pista ya señalada por ellos apenas puede contar con ser entendido por nosotros. Nuestra forma de ver la vida y el mundo está determinada por ellos hasta tal punto que nadie puede despertar nuestro interés comprensivo si no busca puntos de contacto con nuestro mundo como así determinado.

Sólo en lo que respecta a una rama de nuestra vida intelectual debemos admitir que todavía no ha encontrado tal punto de contacto. Es esa rama del conocimiento que procede más allá del mero ensamblaje de datos observados, más allá del conocimiento de experiencias individuales, y busca proporcionar una visión total satisfactoria del mundo y de la vida. Es lo que generalmente se llama filosofía. Para esto, nuestro período clásico en realidad parece ser inexistente. Busca su salvación en una reclusión artificial y aislamiento aristocrático de todo el resto de nuestra vida intelectual. Esta afirmación no puede ser refutada por referencia al hecho de que varios filósofos y científicos mayores y más jóvenes se han comprometido a interpretar a Goethe y Schiller. Porque estos no han alcanzado sus puntos de vista científicos desarrollando los gérmenes existentes en los trabajos científicos de estos héroes de la mente. Han llegado a sus puntos de vista científicos aparte de la concepción del mundo representada por Goethe y Schiller, y luego los han comparado con esto. Y esto lo han hecho, no con el propósito de obtener de las opiniones científicas de los grandes pensadores algo que les sirva de guía para sí mismos, sino más bien para probar estas opiniones y ver si podían mantenerse frente a su propio curso de razonamiento. Este punto lo trataremos más a fondo. En primer lugar, sin embargo, nos gustaría señalar los efectos que esta actitud hacia la etapa más alta de la evolución en la cultura contemporánea produce en ese campo del conocimiento que nos ocupa.

Una gran parte del público lector educado de la actualidad dejará de lado sin leer cualquier trabajo literario–científico que pretenda ser filosófico. Rara vez, si es que alguna vez, la filosofía ha gozado de tan poco favor como en la actualidad. A excepción de los escritos de Schopenhauer y Eduard von Hartmann, que han tratado los problemas de la vida y el mundo de interés más extendido y, por lo tanto, han ganado una amplia circulación, no es exagerado decir que las obras filosóficas son leídas actualmente solo por filósofos profesionales. Nadie, excepto estas personas, se ocupa de tales escritos. El hombre educado que no es un especialista tiene la vaga sensación: "Estos escritos no contienen nada adecuado para una persona de mis necesidades intelectuales. Lo que allí se discute no me concierne; no está relacionado de ninguna manera con lo que necesito para mi satisfacción mental". Esta falta de interés por la filosofía no puede deberse a otra cosa que a la circunstancia a la que me he referido; Porque existe, cara a cara con esta indiferencia, una necesidad cada vez mayor de una concepción satisfactoria del mundo y de la vida. Los dogmas de la religión, que durante mucho tiempo fueron un sustituto adecuado, están perdiendo cada vez más su poder convincente. La necesidad está creciendo constantemente de alcanzar a través del pensamiento lo que el hombre una vez debió a la fe en la revelación: la satisfacción de su espíritu. Por lo tanto, no podría faltar el interés de las personas cultas si esta rama particular del conocimiento marchara al ritmo de toda la evolución de la cultura, si sus representantes tomaran una posición con referencia a las grandes cuestiones que mueven a la humanidad.

En este asunto debemos tener siempre presente la verdad

de que el procedimiento adecuado nunca es el de crear artificialmente una necesidad espiritual, sino todo lo contrario: el de descubrir la necesidad que existe y satisfacer esta necesidad. La tarea de la ciencia no es la de proponer preguntas, sino la de prestarles cuidadosa atención cuando son planteadas por la naturaleza humana y por la etapa contemporánea de la evolución, y de responderlas. Nuestros filósofos modernos se fijan tareas que no son en absoluto la salida de esa etapa de la cultura en la que ahora nos encontramos, preguntas para las que nadie está buscando respuestas. Aquellas preguntas que deben ser propuestas por nuestra cultura, debido a la posición a la que nuestros grandes pensadores la han elevado, son pasadas por alto por la ciencia. Por lo tanto, poseemos un conocimiento filosófico que nadie está buscando y sufrimos de una necesidad filosófica que nadie satisface.

Nuestra rama central del conocimiento, la que debería resolver para nosotros el enigma del mundo real, no debe ser una excepción en comparación con todas las demás ramas de la vida intelectual. Debe buscar sus fuentes donde éstas han sido encontradas por los demás. No sólo debe tomar conocimiento de los grandes pensadores clásicos, sino también buscar en ellos los gérmenes para su propia evolución. El mismo viento debe soplar a través de esto como a través del resto de nuestra cultura. Esta es una necesidad inherente a la naturaleza misma de las cosas. A esta necesidad debemos atribuir el hecho de que los investigadores modernos se han comprometido a interpretar a nuestros escritores clásicos como hemos explicado anteriormente. Estas interpretaciones no revelan nada más que un vago sentimiento de que no bastará simplemente con pasar por alto las convicciones de esos pensadores y proceder con el orden del día. Pero sólo prueban que nadie ha llegado al punto de un mayor desarrollo de sus opiniones. Esto se evidencia por la forma en que se hace el acercamiento a Lessing, Herder, Goethe y Schiller. A pesar de toda la excelencia de muchas producciones de esta clase, hay que decir de casi todo lo que se ha escrito con respecto a los trabajos científicos de Schiller y Goethe que no se desarrolla orgánicamente a partir de los propios puntos de vista de Schiller o Goethe, sino que tiene una relación retrospectiva con ellos. Nada puede corroborar esto con más fuerza que el hecho de que los representantes de las más diversas tendencias de la ciencia han visto en Goethe al genio que experimentó de antemano premoniciones de sus puntos de vista. Los representantes de concepciones del mundo que no poseen absolutamente nada en común se refieren con aparente igual justificación a Goethe, cuando sienten la necesidad de ver sus respectivos puntos de vista reconocidos en un punto culminante de la historia humana. Uno apenas puede imaginar un contraste más agudo que el que existe entre las enseñanzas de Hegel y Schopenhauer. Este último llama a Hegel un charlatán y a su filosofía una basura sin sentido de palabras, meras tonterías, combinaciones de palabras bárbaras. Los dos hombres en realidad no tienen nada en común, excepto su admiración ilimitada por Goethe, y su creencia de que él se reconoció a sí mismo como adherente a sus respectivos puntos de vista del mundo.

Tampoco es diferente en lo que respecta a las tendencias científicas más recientes. Haeckel, que ha elaborado el darwinismo con el don del genio y con una lógica tan inflexible como el hierro, y a quien debemos considerar con mucho el seguidor más significativo del investigador inglés, ve en el punto de vista de Goethe la anticipación de la suya. Otro investigador científico contemporáneo, A. F. W. Jessen, escribe con respecto a la teoría de Darwin: "El revuelo que se ha creado entre muchos especialistas en investigación y muchos laicos por esta teoría, a menudo antes presentada y a menudo refutada por una investigación exhaustiva, pero ahora apoyada por muchos argumentos aparentemente sólidos, muestra cuán poco, desafortunadamente, Los resultados de la investigación científica son conocidos y entendidos por la gente". [1] Con respecto a Goethe, el mismo investigador dice que se elevó "a investigaciones exhaustivas tanto en la Naturaleza inanimada como animada", [2] *en la que encontró a través de una "observación reflexiva y profundamente penetrante de la Naturaleza la ley fundamental de toda formación de plantas".* [3] *Cada uno de estos dos investigadores es capaz de citar un número agotador de ilustraciones para mostrar la armonía existente entre su propia tendencia científica y las "observaciones reflexivas de Goethe". Pero, si cada uno de estos puntos de vista pudiera referirse justamente al pensamiento de Goethe, esto debe arrojar una luz dudosa sobre la unidad de ese pensamiento. La base de este fenómeno, sin embargo, radica en el hecho mismo de que ninguno de estos puntos de vista surge realmente de la concepción del mundo de Goethe, sino que cada uno tiene sus raíces bastante fuera de esa concepción. El fenómeno surge del hecho de que los hombres buscan un acuerdo externo en cuanto a los detalles, arrancados de la totalidad del pensamiento de Goethe y, por lo tanto, privados de su significado, pero no están dispuestos a atribuir a esta totalidad la aptitud interna para servir de base para una tendencia científica de pensamiento. Las opiniones de Goethe nunca han sido puntos de partida para las investigaciones científicas, sino siempre sólo material para instituir comparaciones. Aquellos que se han ocupado con estas opiniones rara vez han sido estudiantes que se rinden con mentes sin prejuicios a sus ideas, pero generalmente críticos que se sientan a juzgarlo.*

Incluso se dice que Goethe tenía muy poco sentido científico; que era el peor filósofo por ser un poeta tan excelente; que por esta razón sería imposible encontrar en él la base para un punto de vista científico. Este es un concepto totalmente erróneo de la naturaleza de Goethe. Goethe no era, sin duda, un filósofo en el sentido ordinario del término, pero no debe olvidarse que la maravillosa armonía de su personalidad llevó a Schiller a declarar: "El poeta es el único ser humano verdadero". Lo que Schiller pretendía aquí con la expresión "verdadero ser humano", era Goethe. Ningún elemento perteneciente a la forma más elevada de lo universalmente humano carecía de su personalidad. Pero todos estos elementos se unieron en él para formar una totalidad que es, como tal, eficaz. Así sucede que sus opiniones con respecto a la Naturaleza se basan en un profundo sentido filosófico, aunque este sentido filosófico no entre en su conciencia en forma de declaraciones científicas definidas. Quien se sumerja en esa totalidad podrá, siempre que traiga consigo capacidades filosóficas, liberar este sentido filosófico y exponerlo como la forma de conocimiento de Goethe. Pero debe tomar su punto de partida de Goethe y no acercarse a él con una opinión preparada. Los poderes intelectuales de Goethe son siempre efectivos de la manera requerida para la filosofía más rígida, a pesar de que no ha dejado tal filosofía como un sistema completo.

La visión del mundo de Goethe es la más polifacética imaginable. Procede de un punto central que descansa en la naturaleza unificada del poeta, y siempre pone de relieve ese lado que corresponde a la naturaleza del objeto. La unidad de la actividad de las fuerzas intelectuales radica en la naturaleza de Goethe; La forma temporal de dicha actividad viene determinada por el objeto de que se trate. Goethe tomó prestada su forma de observación del mundo externo en lugar de obstruir la suya propia sobre el mundo. Ahora bien, el pensamiento de muchos hombres es eficaz sólo de una manera definida; sirve solo para un cierto tipo de objetos; no está unificado, como lo fue el de Goethe, sino sólo uniforme. Esforcémonos por expresar esto más a fondo: — Hay hombres cuyos intelectos están especialmente adaptados para pensar en interdependencias y efectos meramente mecánicos; Conciben el universo entero como un mecanismo. Otros tienen el impulso de tomar conciencia en todas partes el elemento místico secreto del mundo externo; Se convierten en adherentes del misticismo. Todo tipo de errores surgen del hecho de que tal forma de pensar, completamente apropiada para un tipo de objetos, se declara universal. Esto explica el conflicto entre varias concepciones del mundo. Si un pensador que sostiene una concepción tan unilateral se enfrenta a la visión de Goethe, que es ilimitada -porque siempre toma su forma de observación, no de la mente del observador, sino de la naturaleza de la cosa observada-, entonces puede entenderse fácilmente que este pensador unilateral se aferra a ese elemento en el pensamiento de Goethe que armoniza con el suyo. La visión del mundo de Goethe incluye dentro de sí misma, en el sentido indicado, muchas tendencias de pensamiento, mientras que a su vez no puede ser penetrada por ninguna concepción unilateral.

El sentido filosófico, que es un elemento esencial en el organismo del genio de Goethe, también es significativo desde el punto de vista de su poesía. Aunque era ajeno a la mente de Goethe exponer en forma conceptual clara lo que le estaba mediado por este sentido, como lo hizo Schiller, sin embargo, el sentido filosófico fue un factor activo en su trabajo creativo artístico como en el de

Schiller. Las producciones poéticas de Goethe y Schiller son impensables aparte de su concepción del mundo, que era el trasfondo. En este asunto nos preocupamos más por los principios básicos realmente formulados en Schiller, pero en Goethe más bien por la forma en que veía las cosas. Pero el hecho de que los más grandes poetas de nuestra nación en el clímax de su trabajo creativo no pudieran prescindir de ese elemento filosófico demuestra más que todo lo demás que este es un componente necesario en la historia de la evolución humana. Descansar sobre Goethe y Schiller nos permitirá arrancar nuestra ciencia central de su aislamiento académico e incorporarla al resto de nuestra evolución cultural. Las convicciones científicas de nuestros grandes pensadores de la época clásica están ligadas por mil lazos a sus otros esfuerzos; Son tales como fueron exigidos por la época cultural que los creó.

LA CIENCIA DE GOETHE CONSIDERADA SEGÚN EL MÉTODO DE SCHILLER

En las páginas anteriores hemos determinado la dirección que deben tomar las siguientes investigaciones. Han de constituir un desarrollo de lo que se manifestó en Goethe como sentido científico; una interpretación de su forma de observar el mundo. Se puede objetar que esta no es la forma de presentar científicamente un punto de vista. Una opinión científica nunca debe en ninguna circunstancia descansar en la autoridad, sino que siempre debe descansar en principios. Discutamos de inmediato esta objeción. Una opinión basada en la concepción del mundo de Goethe no es aceptada por nosotros como verdad simplemente porque se puede deducir de esta concepción, sino porque creemos que la visión del mundo de Goethe puede ser apoyada por principios básicos sostenibles y puede ser representada como una visión autosuficiente. El hecho de que tomemos nuestro punto de partida de Goethe no nos impedirá estar tan preocupados por mostrar los motivos de las opiniones mantenidas por nosotros como lo están los exponentes de cualquier ciencia que afirme estar libre de presuposiciones. Representamos la visión del mundo de Goethe, pero lo confirmaremos de acuerdo con los requisitos de la ciencia.

El camino que deben seguir tales investigaciones ya ha sido indicado por Schiller. Nadie percibió la grandeza del genio de Goethe tan claramente como él. En sus cartas a Goethe presentó ante este último una imagen de la propia naturaleza de Goethe; en sus cartas sobre la educación estética de la raza humana desarrolla el ideal del artista tal como lo había reconocido en Goethe; y en sus ensayos sobre poesía ingenua y sentimental describe la naturaleza del arte genuino tal como había llegado a conocerlo en las obras poéticas de Goethe. Esta es nuestra justificación para designar nuestra discusión como construida sobre la base de la concepción del mundo de Goethe-Schiller. Su propósito es considerar el pensamiento científico de Goethe de acuerdo con el método para el cual Schiller ya ha proporcionado un modelo. La mirada de Goethe se dirige hacia la naturaleza y hacia la vida; y la forma de observación seguida por él será el tema (el contenido) de nuestra discusión. La mirada de Schiller está dirigida hacia la mente de Goethe, y la forma de observación que siguió será el ideal de nuestro propio método.

De esta manera creemos que los esfuerzos científicos de Goethe y Schiller se hacen fructíferos para la era actual.

Según la terminología científica habitual, nuestro trabajo debe concebirse como una teoría del conocimiento. Las cuestiones discutidas serán, de hecho, de un tipo muy diferente de las que ahora casi siempre plantea esa rama de la filosofía. Hemos visto por qué es así. Donde aparecen investigaciones similares hoy en día, casi invariablemente toman a Kant como su punto de partida. Se ha pasado por alto en los círculos científicos que, además de la ciencia del conocimiento establecida por el gran pensador de Königsberg, existe al menos la posibilidad de otra tendencia de pensamiento en este campo, no menos capaz que la de Kant de tratar profundamente los hechos.

Otto Liebmann a principios de los años sesenta expresó la convicción de que debemos volver a Kant si queremos alcanzar una visión del mundo libre de contradicciones. Esta es la razón por la que hoy poseemos una literatura de Kant casi más allá de la posibilidad de encuesta. Pero este camino tampoco proporcionará ninguna ayuda al pensamiento filosófico, que no volverá a desempeñar un papel en nuestra vida cultural hasta que, en lugar de volver a Kant, entre más profundamente en las concepciones científicas de Goethe y Schiller.

Y ahora tocaremos una de las cuestiones básicas de una ciencia del conocimiento que corresponde a estas observaciones preliminares.

LA FUNCIÓN DE ESTA RAMA DE LA CIENCIA

Con respecto a todo conocimiento, eso es cierto lo que Goethe expresó tan acertadamente en las palabras: "La teoría no es útil en sí misma, excepto porque nos hace creer en la interrelación de los fenómenos". Por medio de la ciencia, siempre estamos trayendo hechos separados de la experiencia en relación. Percibimos en la Naturaleza inorgánica causas y efectos separados, y buscamos su conexión en las ciencias apropiadas. En el mundo orgánico tomamos conciencia de las especies y géneros de organismos, y nos esforzamos por establecer las relaciones recíprocas entre ellos. Épocas culturales individuales de la humanidad aparecen ante nosotros en la historia, y nos esforzamos por aprender la dependencia interna de una etapa evolutiva sobre otra. Por lo tanto, cada rama de la ciencia tiene que trabajar en algún campo definido de fenómenos en el sentido transmitido por la declaración citada anteriormente de Goethe.

Cada rama de la ciencia tiene su esfera en la que busca la interrelación entre los fenómenos. Pero aún queda una gran antítesis en nuestros esfuerzos científicos: por un lado, el mundo ideal [4] ganado por las ciencias, y, por el otro, los objetos sobre los que se basa ese mundo. Debe haber una rama de la ciencia que aquí también aclare las interrelaciones. El ideal y el mundo real, la antítesis entre la idea y la realidad, constituyen el problema de tal ciencia. Estos elementos contrastantes también deben entenderse en sus relaciones recíprocas.

El propósito de la siguiente discusión es buscar estas relaciones. Los hechos de la ciencia, por un lado, y la naturaleza y la historia, por el otro, deben relacionarse. ¿Cuál es el significado del reflejo del mundo externo en la conciencia humana? ¿Qué relación existe entre nuestro pensamiento sobre los objetos de la realidad y estos objetos mismos?

SEGUNDA PARTE: Experiencia

DEFINICIÓN DEL CONCEPTO DE EXPERIENCIA

Dos esferas se encuentran una contra la otra: nuestro pensamiento y los objetos con los que está ocupado. Estos últimos son designados, en la medida en que son accesibles a nuestra observación, como el contenido de la experiencia. Si hay o no otros objetos de pensamiento fuera del campo de nuestra observación, y de qué tipo pueden ser, por el momento lo dejaremos sin determinar. Nuestra primera tarea será fijar claramente los límites de las dos esferas, la experiencia y el pensamiento. Primero debemos tener experiencia ante nosotros en esquemas determinados y luego investigar la naturaleza del pensamiento. Aquí entramos en la primera tarea.

¿Qué es la experiencia? Cada uno es consciente del hecho de que su pensamiento se enciende a través de la colisión con la realidad. Los objetos se encuentran con nosotros en el espacio y el tiempo; Nos damos cuenta de un mundo externo de muchas partes muy complicado, y vivimos en un mundo interior más o menos ricamente elaborado. La primera forma en la que todo esto nos encuentra ya está fijada. No tenemos nada que ver con que suceda. Es como si surgiera de un Más allá desconocido que la realidad se ofreciera primero a la comprensión de nuestros sentidos y nuestras mentes. Al principio no podemos hacer nada más que permitir que nuestra mirada se extienda sobre la multiplicidad que nos encuentra.

Esta primera actividad nuestra es la comprensión de los sentidos sobre la realidad. Debemos captar firmemente lo que se ofrece a los sentidos, porque es sólo esto lo que podemos llamar experiencia pura.

Sentimos inmediatamente la necesidad de penetrar por medio del intelecto clasificador en la multiplicidad interminable de formas, fuerzas, colores, tonos, etc., que se nos presentan. Estamos impulsados a explicar las interdependencias mutuas de todas las entidades individuales que vienen a nuestro encuentro. Cuando un animal aparece en una región determinada, preguntamos sobre la influencia de este último en la vida de este animal; Si vemos que una piedra comienza a rodar, buscamos otros sucesos con los que esto esté conectado. Pero lo que ocurre de esta manera ya no es pura experiencia. Ya tiene un doble origen: la experiencia y el pensamiento.

La experiencia pura es esa forma de realidad en la que se nos aparece cuando la encontramos con la completa exclusión de nosotros mismos.

Es a esta forma de realidad a la que podemos aplicar las palabras que Goethe usó en su ensayo titulado *Naturaleza:* "Estamos rodeados y rodeados por ella. Sin previo aviso y sin previo aviso, nos lleva a la ronda de su baile". En cuanto a los objetos de los sentidos externos, este hecho nos mira a la cara, de modo que difícilmente será negado por nadie. Un cuerpo aparece al principio ante nosotros como un complejo de formas, colores, sensaciones de calor y luz, que de repente están allí como si hubieran surgido de una fuente primordial para nosotros bastante desconocida.

La convicción psicológica de que el mundo de los sentidos, tal como se encuentra ante nosotros, no es en sí mismo más que un producto de la interacción entre nuestro organismo y un mundo externo de moléculas desconocidas para nosotros no contradice nuestra afirmación. Si fuera realmente cierto que el color, el calor, etc., no fueran más que la manera en que nuestro organismo se ve afectado por el mundo externo, sin embargo, el proceso que metamorfosea las ocurrencias del mundo externo en color, calor, etc., está completamente más allá de nuestra conciencia. Cualquiera que sea el papel desempeñado en esto por nuestro organismo, lo que a nuestro pensamiento le parece la forma ya existente de la realidad, no sujeta a nuestro control, es decir, la experiencia, no es la ocurrencia molecular; Son esos colores, tonos, etc.

El asunto no está tan claro en el caso de nuestra vida interior. Pero una consideración adecuada eliminará aquí toda duda de que nuestros estados internos también aparecen en el horizonte de la conciencia en la misma forma que lo hacen las cosas y los hechos del mundo externo. Un sentimiento hace su impacto sobre mí al igual que una sensación de luz. El hecho de que lo acerque más a mi propia personalidad no tiene importancia desde este punto de vista. Debemos ir aún más lejos. Incluso el pensamiento mismo se nos aparece al principio como un elemento de experiencia. En el mismo acto de examinar nuestro pensamiento, lo ponemos en contra de nosotros mismos, concebimos su primera forma como proveniente de una fuente desconocida.

Esto no puede ser de otra manera. Nuestro pensamiento, especialmente cuando nos aferramos a su forma como una actividad individual dentro de la conciencia es la contemplación, es decir, dirige la mirada hacia afuera hacia lo que está frente a ella. Aquí permanece al principio como actividad. Miraría al vacío, a la nada, si algo no existiera contra él.

Todo lo que ha de convertirse en un objeto de nuestro conocimiento debe adaptarse a esta forma de ponerse ante nosotros. Somos incapaces de elevarnos por encima de esta forma. Si queremos ganar en el pensamiento un medio para una penetración más profunda en el mundo, entonces el pensamiento mismo primero debe convertirse en experiencia. Debemos buscar el pensamiento mismo como uno entre los hechos de la experiencia.

Sólo así nuestra concepción del mundo evitará la pérdida de la unidad interior. Esto ocurriría de inmediato si intentáramos introducir en él un elemento alienígena. Nos enfrentamos a la experiencia pura y buscamos dentro de la experiencia ese elemento que arroja luz sobre sí mismo y sobre el resto de la realidad.

EXAMEN DEL CONTENIDO DE LA EXPERIENCIA

Fijemos ahora nuestra atención en la experiencia pura. ¿En qué consiste esto cuando llega a nuestra conciencia, no elaborado por nuestro pensamiento? Es simplemente yuxtaposición en el espacio y sucesión en el tiempo; un agregado de nada más que entidades individuales no relacionadas. Ninguno de los objetos que van y vienen tiene nada que ver con ningún otro. En esta etapa, los hechos de los que nos damos cuenta, y que se mezclan con nuestra vida interior, son absolutamente transparentes unos con otros.

Allí el mundo es una multiplicidad de cosas de importancia uniforme. Ninguna cosa, ningún acontecimiento, puede reclamar una función mayor en el tejido del mundo que cualquier otro constituyente en el ámbito de la experiencia. Si queremos que nos quede claro que tal o cual hecho tiene mayor importancia que otro, no debemos simplemente observar las cosas, sino organizarlas en relaciones de pensamiento. El órgano rudimentario de un animal, que puede no tener la menor importancia en su funcionamiento orgánico, posee tanto valor para nuestra experiencia como el órgano más importante del cuerpo del animal. Esa distinción entre mayor y menor importancia no se hace evidente para nosotros hasta que pensamos en las relaciones de los constituyentes individuales; es decir, hasta que trabajemos sobre nuestra experiencia.

Según nuestra experiencia, el caracol, que pertenece a una etapa inferior en la organización, es de igual valor que el animal más evolucionado. Las distinciones entre los grados de perfección en la organización se hacen evidentes para nosotros sólo cuando nos aferramos conceptualmente a la multiplicidad que se nos da en la experiencia, y la trabajamos. Desde este punto de vista, del mismo modo, la cultura del esquimal y la del europeo educado tienen el mismo valor; La importancia de César en la historia de la evolución humana parece ser una mera experiencia no mayor que la de uno de sus soldados. En la historia de la literatura, Goethe no está más alto que Gottsched siempre y cuando estemos considerando meras realidades experienciales.

En esta etapa de observación, el mundo aparece a nuestras mentes como una superficie absolutamente plana. Ninguna parte de esta superficie se eleva por encima de otra; Ninguno revela a nuestras mentes ninguna distinción en comparación con los demás. Sólo cuando la chispa del pensamiento golpea esta superficie llegan a elevaciones y depresiones ligeras; una cosa aparece más o menos elevada sobre la otra, todo toma un cierto tipo de forma, las líneas se extienden de una forma a otra; El todo se convierte en una armonía autosuficiente.

Las ilustraciones que hemos elegido nos parecen mostrar con suficiente claridad lo que queremos decir al hablar de la mayor o menor importancia de los objetos de percepción (aquí considerados como idénticos a las cosas de la experiencia): lo que queremos decir con ese conocimiento que primero llega a existir cuando observamos estos objetos en su interrelación. Estas ilustraciones, creemos, nos aseguran contra la objeción de que el reino de nuestra experiencia ya revela infinitas distinciones entre sus objetos antes de que el pensamiento aparezca en el campo: que una superficie roja, por ejemplo, es diferente de una superficie verde incluso sin ninguna actividad del pensamiento. Eso es cierto. Pero cualquiera que presente este argumento contra nosotros ha malinterpretado completamente nuestra afirmación. Esto es justo lo que sostenemos: que lo que se nos presenta por experiencia es una masa interminable de entidades individuales. Estas entidades individuales deben ser naturalmente diferentes entre sí; de lo contrario, no nos parecerían una multiplicidad interminable sin relación. No nos referimos a una indistinguibilidad entre las cosas percibidas, sino a la absoluta falta de significado en los hechos únicos de los sentidos para la totalidad de nuestra imagen de la realidad. Es solo porque reconocemos esta interminable diferencia cualitativa que nos vemos impulsados a la conclusión indicada.

Si nos encontráramos con una unidad, bien definida, compuesta   de   constituyentes   armoniosamente ordenados, no podríamos hablar de la falta de distinción en el significado entre los constituyentes en relación entre sí.

Quienquiera que por tal razón considere inaplicable la comparación que hemos utilizado debe no haberla tomado en el punto real de similitud. Ciertamente sería falaz si comparáramos el mundo perceptivo, con sus formas infinitamente variadas, con la monotonía uniforme de una superficie. Pero nuestra superficie no pretendía parecerse al mundo múltiple de los fenómenos, sino a la imagen total unificada que tenemos de este mundo mientras el pensamiento no haya entrado en contacto con él. Después de la acción del pensamiento, cada entidad individual en esta imagen total aparece, no como fue mediada por la mera experiencia, sino con el significado que tiene en relación con la totalidad de la realidad. Al mismo tiempo, cada uno aparece con características que faltaban por completo en su forma experiencial.

Según nuestra convicción, Johannes Volkelt ha tenido un éxito notable en delinear dentro de contornos claros lo que estamos justificados en designar como experiencia pura. Hace cinco años [1881] esto fue descrito sorprendentemente en su libro *Kants Erkenntnistheorie*; y en su última publicación, *Erfahrung und Denken*, ha profundizado aún más en el tema. Él ha hecho esto, sin duda, en apoyo de un punto de vista fundamentalmente diferente al nuestro y un propósito diferente al del presente libro. Pero esto no tiene por qué impedirnos establecer aquí su notable caracterización de la experiencia pura. Esta descripción simplemente nos muestra las imágenes que pasan ante nuestra conciencia en un breve período de una manera completamente vacía de interrelaciones. Volkelt dice: "Por ejemplo, mi conciencia ahora tiene como contenido la impresión de que he trabajado diligentemente hoy; inmediatamente se vincula la impresión de que puedo dar un paseo con la conciencia tranquila; De nuevo aparece de repente la imagen perceptiva de la puerta abriéndose y entrando el cartero; la imagen del cartero pronto aparece con la mano extendida, luego con la boca abierta, y luego haciendo lo contrario; Al mismo tiempo, se mezclan con el contenido perceptivo de la boca que se abre todo tipo de impresiones auditivas, entre otras, la de la lluvia que comienza afuera. La imagen del cartero se desvanece de mi conciencia y las impresiones que ahora entran tienen como contenido, una por una: agarrar las tijeras, abrir las cartas, un sentimiento crítico ante la escritura ilegible, imágenes visuales de los más variados símbolos escritos y, unidos a estos, múltiples imágenes y pensamientos imaginativos; Apenas termina esta serie cuando reaparece la impresión de haber trabajado diligentemente y, acompañada de depresión, la conciencia de la lluvia continua; entonces ambos se desvanecen de mi conciencia y surge una impresión cuyo contenido es que una dificultad que se supone que ha sido superada en el trabajo de hoy no ha sido superada; Acompañando esto entran las impresiones: la libertad de voluntad, la necesidad empírica, la responsabilidad, el valor de la virtud, la incomprensibilidad, etc., y éstas se unen entre sí de las maneras más variadas y complicadas, y así continúa".

Aquí se describe para nosotros, con respecto a un cierto espacio limitado de tiempo, lo que realmente experimentamos, esa forma de realidad en la que el pensamiento no tiene participación.

No es necesario suponer que se habría logrado un resultado diferente si, en lugar de esta experiencia cotidiana, hubiéramos descrito lo que ocurre en una investigación científica o en un fenómeno natural inusual. En estos casos como en aquel, lo que pasa ante la conciencia consiste en imágenes no relacionadas. Pensar por primera vez instituye la interrelación.

También debemos atribuir al folleto del Dr. Richard Wahle, *Gehirn und Bewusstsein* (Viena 1884), el servicio de haber indicado en contornos claros lo que nos es dado por la experiencia sin ningún elemento de pensamiento, solo debemos hacer la reserva de que lo que Wahle describe como características pertenecientes sin restricciones a los fenómenos del mundo exterior e interior es válido solo para la primera etapa de nuestra observación del mundo, esa etapa que hemos descrito. Según Wahle, sólo conocemos una yuxtaposición en el espacio y la sucesión en el tiempo. No se puede hablar, según él, de una relación entre las cosas que aparecen una al lado de la otra o una después de la otra. Por ejemplo, puede haber en algún lugar y de alguna manera una relación interna entre el cálido rayo de sol y el calentamiento de la piedra, pero no sabemos nada de una relación causal; Para nosotros lo único que está claro es que el segundo hecho viene después del primero. También puede haber en algún lugar, en un mundo inaccesible para nosotros, una relación interna entre nuestro mecanismo cerebral y nuestra actividad mental; pero sólo sabemos que las dos son ocurrencias que corren en líneas paralelas; No estamos en absoluto justificados, por ejemplo, en asumir una relación causal entre los dos.

Por supuesto, cuando Wahle establece esta afirmación como la verdad última de la ciencia, debemos oponernos a esta extensión de la afirmación; Pero es completamente correcto cuando se aplica a la primera forma en la que nos damos cuenta de la realidad.

No sólo las cosas del mundo exterior y los procesos del vacío interno de interrelación están en esta etapa de nuestro conocimiento, sino que incluso nuestra propia personalidad es una unidad aislada en comparación con el resto del mundo. Nos percibimos a nosotros mismos como uno de los innumerables perceptos sin relación con los objetos que nos rodean.

CORRECCIÓN DE UNA CONCEPCIÓN ERRÓNEA DE LA EXPERIENCIA COMO TOTALIDAD

Este es el punto apropiado para referirse a una idea preconcebida, que persiste desde la época de Kant, que ha sido tan absorbida en la vida misma de ciertos círculos que pasa por un axioma. Quien se atreviera a cuestionarlo sería considerado un diletante, una persona aún no avanzada más allá de los conceptos más rudimentarios de la filosofía moderna. Me refiero a la opinión, sostenida como si se estableciera a *priori*, de que todo el mundo perceptivo, esta multiplicidad interminable de colores y formas, de tonos y grados de calor, no eran más que nuestro mundo subjetivo de representaciones, [9] poseyendo existencia solo mientras mantengamos nuestros sentidos receptivos a las influencias de un mundo bastante desconocido para nosotros. Todo el mundo fenoménico se interpreta sobre la base de esta opinión, como una representación (*Vorstellung*) dentro de nuestra conciencia individual; y, sobre la base de esta hipótesis, se construyen nuevas afirmaciones sobre la naturaleza de la cognición. Volkelt también ha adoptado esta opinión y basa en ella su teoría del conocimiento, una producción magistral en su proceso científico de desarrollo. Sin embargo, esta no es una verdad básica, y menos aún es apropiada para formar la culminación misma de la ciencia del conocimiento.

No seríamos malinterpretados. No tenemos ningún deseo de pronunciar una protesta —que ciertamente sería inútil— contra los logros contemporáneos en fisiología. Pero lo que está totalmente justificado como fisiología no es, por esa razón, apropiado para ser establecido ante la puerta misma que conduce a una teoría del conocimiento. Puede pasar como una verdad fisiológica inexpugnable que el complejo de sensaciones y percepciones que llamamos experiencia primero llega a existir a través de la cooperación de nuestro organismo. Sin embargo, sigue siendo bastante cierto que un elemento de conocimiento como este solo puede ser el resultado de mucha reflexión e investigación. Esta caracterización —que nuestro mundo fenoménico es, en un sentido fisiológico, de carácter subjetivo— es en sí misma una caracterización de ese mundo alcanzado por el pensamiento y, por lo tanto, no tiene nada que ver con su primera manifestación. Presupone la aplicación del pensamiento a la experiencia. Por lo tanto, debe ir precedido de una investigación sobre la interrelación entre los dos factores en el acto de la cognición.

Se supone que esta opinión lo eleva a uno por encima de la ingenuidad prekantiana, que consideraba las cosas en el espacio y en el tiempo como constitutivas de la realidad, como todavía lo hace la persona "ingenua" que no tiene formación científica.

Volkelt hace la afirmación: "Todos los actos que se llaman a sí mismos cogniciones objetivas están inseparablemente ligados con la conciencia cognitiva individual; siguen su curso al principio e inmediatamente en ninguna otra parte que en la conciencia del individuo; y son totalmente incapaces de llegar más allá de la esfera del individuo y aferrarse a la esfera de lo real que yace afuera, o de entrar en ella". [10]

Pero es absolutamente imposible para el pensamiento sin prejuicios descubrir lo que esa forma de realidad que nos toca directamente (la experiencia) lleva dentro de sí misma que podría justificarnos de alguna manera designarla como mera representación.

Incluso la simple reflexión de que la persona "ingenua" observa en cosas que nada podría llevarla a esta opinión nos enseña que no existe ninguna razón convincente para esta suposición en las cosas mismas. ¿Qué tiene un árbol, una mesa, dentro de sí mismo que podría llevarme a considerarlo como una mera imagen mental? Esto no debe, entonces, afirmarse, y menos aún como una verdad evidente.

Solo porque Volkelt hace esto, se enreda en una contradicción de sus principios fundamentales. Según nuestra convicción, podría mantener la naturaleza subjetiva de la experiencia solo siendo desleal a la verdad reconocida por él, esa experiencia consiste en nada más que un caos de imágenes sin ninguna definición pensable. De lo contrario, se habría visto obligado a ver que el sujeto cognoscímetro, el observador, está tan desrelacionado dentro del mundo de la experiencia como lo es cualquier otro objeto que le pertenezca. Pero, si uno predica la subjetividad del mundo de la experiencia, esto es a la vez una caracterización del pensamiento, como si uno considerara una piedra que cae como la causa de una impresión hecha en el suelo. Sin embargo, el propio Volkelt no admitirá ningún tipo de interrelación entre las cosas de la experiencia. Aquí radica la inconsistencia en su concepción; Aquí se vuelve desleal al principio que ha expresado con respecto a la experiencia pura. A través de esto se encierra dentro de su individualidad, y ya no es capaz de emerger. De hecho, lo admite sin reservas. Todo lo que está más allá de las imágenes desconectadas de la percepción permanece para él en la incertidumbre. Nuestro pensamiento, sin duda, se esfuerza de acuerdo con su punto de vista para llegar desde este mundo de imágenes mentales e inferir una realidad objetiva, pero nuestra salida más allá de este mundo no puede conducir a verdades realmente conocidas. Todo el conocimiento que ganamos por medio del pensamiento no está, según Volkelt, protegido contra la duda. De ninguna manera alcanza una certeza como la de la experiencia inmediata. Esto por sí solo proporciona un conocimiento indudable. Hemos visto cuán defectuoso es este conocimiento.

Pero todo esto surge del hecho de que Volkelt atribuye a la realidad sensorial (experiencia) una característica que de ninguna manera puede pertenecer a ella, y en esta presuposición basa sus suposiciones adicionales.

Ha sido necesario prestar especial atención a esta escritura de Volkelt porque es la obra contemporánea más importante en este campo, y también por la razón de que puede servir como un espécimen típico de todos los esfuerzos después de una teoría del conocimiento que están en oposición básica a la dirección del pensamiento que representamos, fundada sobre la concepción del mundo de Goethe.

REFERENCIA A LA EXPERIENCIA DEL LECTOR INDIVIDUAL

Evitaríamos la falacia de atribuir una característica a *priori* a lo inmediatamente dado, a la primera forma en que el mundo exterior y el interior se nos aparecen, y luego establecer la validez de nuestro razonamiento sobre la base de esta presuposición. De hecho, según nuestra propia definición, la experiencia es aquella en la que el pensamiento no tiene participación. Por lo tanto, no se puede acusar a un error de pensamiento al comienzo de nuestro debate.

Es precisamente aquí donde surge la falacia fundamental en muchos esfuerzos científicos, especialmente en la actualidad. Tales científicos imaginan que están reproduciendo la experiencia pura, mientras que en realidad están leyendo de nuevo conceptos que ellos mismos han interpuesto en el contenido de la experiencia. Se puede acusar que también hemos asignado una serie de atributos a la experiencia pura. Lo describimos como una multiplicidad sin fin, como un agregado de unidades no relacionadas, etc. ¿No son también estas caracterizaciones hechas por el pensamiento? Ciertamente no en el sentido en que los hemos utilizado. Hemos hecho uso de estos conceptos sólo para fijar la atención del lector en la realidad libre de pensamiento. No deseamos atribuir estos conceptos a la experiencia; Los empleamos sólo para dirigir la atención a esa forma de realidad que está vacía de cualquier concepto.

Todas las investigaciones científicas deben llevarse a cabo naturalmente por medio del lenguaje, y el lenguaje no puede expresar nada excepto conceptos. Pero hay una diferencia esencial entre emplear ciertas palabras con el propósito de atribuir directamente esta o aquella característica a una cosa, por un lado, y, por el otro, emplear estas palabras simplemente para dirigir la atención del lector o del oyente a un objeto. Si podemos recurrir a una analogía, podríamos decir: Estas son dos cosas diferentes, cuando A le dice por un lado a B: "Observa a ese hombre en su círculo familiar, y te formarás una opinión esencialmente diferente de él de la que formas de él en su comportamiento oficial"; y, por otro lado, cuando dice: "Ese hombre es un excelente padre para su familia". En primera instancia, la atención de B es atraída de cierta manera; Se le aconseja formarse un juicio de cierta persona bajo ciertas circunstancias. En segundo lugar, se le atribuye una cierta característica a esta persona y, por lo tanto, se hace una afirmación. Como el primer caso aquí se compara con el segundo, también nuestro paso inicial en la discusión se compara con fenómenos similares en la literatura. Dado que las exigencias de estilo o la dificultad de expresar nuestro pensamiento pueden a veces dar al asunto una apariencia diferente, deseamos declarar expresamente en este punto que nuestra discusión debe tomarse solo en el sentido aquí explicado y está muy lejos de cualquier pretensión de haber avanzado cualquier afirmación que sea buena de las cosas en sí mismas.

Si, ahora, vamos a tener un nombre para la primera forma en que observamos la realidad, estamos convencidos de que el nombre más adecuadamente aplicable se encuentra en la expresión "apariencia a los sentidos". Aquí entendemos por el término *sentido* no sólo los sentidos externos, mediadores del mundo externo, sino todos los órganos corporales y mentales que tienen que ver con nuestra toma de conciencia de los hechos inmediatos. De hecho, el término *sentido interno* se usa bastante ordinariamente en psicología para la capacidad perceptiva en cuanto a la experiencia interna.

Con el término *apariencia*, sin embargo, designaríamos simplemente una cosa perceptible para nosotros o una ocurrencia perceptible en la medida en que esto aparezca en el espacio o el tiempo.

Aquí debemos plantear otra pregunta, que nos llevará al segundo factor que debemos observar en relación con la ciencia de la cognición, es decir, el pensamiento.

¿Debemos considerar la forma en que la experiencia ha sido reconocida hasta ahora por nosotros como algo arraigado en la naturaleza de las cosas? ¿Es una característica de la realidad?

Mucho depende de la respuesta a esta pregunta. Es decir, si esta forma es una característica esencial de las cosas de la experiencia, algo que les pertenece por su naturaleza en el verdadero sentido de la palabra, entonces es imposible ver cómo esta etapa del conocimiento puede ser superada. Simplemente deberíamos dedicarnos a la tarea de tomar notas no relacionadas de todo lo que experimentamos, y tal conjunto de notas constituiría nuestra ciencia. Porque, ¿qué podría lograr toda investigación sobre las interrelaciones de las cosas si el aislamiento completo que las caracteriza en forma de experiencia representara su verdadera naturaleza?

El estado del caso será completamente diferente si en esta forma de realidad tenemos que ver, no con su naturaleza esencial, sino sólo con su aspecto externo bastante no esencial; si tenemos ante nosotros sólo una cáscara de la verdadera naturaleza del mundo que oculta esa naturaleza de nosotros y requiere que busquemos más a fondo. En ese caso, deberíamos esforzarnos por romper este caparazón. Deberíamos tener que proceder de esta primera forma del mundo para dominar sus verdaderas características (las esenciales para su ser). Deberíamos tener que superar la "apariencia para los sentidos" con el fin de desplegar a partir de esto una forma superior de apariencia.

La respuesta a esta pregunta se da en las siguientes preguntas.

TERCERA PARTE: Pensamiento

PENSAR COMO UNA EXPERIENCIA SUPERIOR DENTRO DE LA EXPERIENCIA

En medio del caos no relacionado de la experiencia, y, de hecho, al principio como un hecho de la experiencia, encontramos un elemento que nos lleva más allá de esta falta de relación. Este elemento es pensamiento. El pensamiento, como uno de los hechos de la experiencia, asume una posición excepcional dentro de la experiencia.

En cuanto al resto de la experiencia, mientras me limite a lo que está inmediatamente presente en mis sentidos, no avanzo más allá de las unidades separadas. Supongamos que tengo ante mí un líquido que llevo a ebullición. Al principio está quieto; luego observo burbujas que se elevan; el líquido se agita; luego todo pasa a la forma de vapor.

Estos son los perceptos que se suceden unos a otros. No importa cómo pueda torcer y girar la cosa, si estoy limitado a lo que los sentidos me permiten, no descubro ninguna interrelación entre estos hechos. En cuanto al pensamiento, no es así. Si, por ejemplo, comprendo el pensamiento de la causa, esto por su propio contenido me lleva al pensamiento del efecto. Sólo necesito aferrarme a los pensamientos en esa forma en la que entran en la experiencia inmediata, y aparecen como caracterizaciones de acuerdo con la ley. Lo que, en lo que respecta al resto de la experiencia, debe ser traído de otra parte, si, de hecho, es aplicable en absoluto —la interrelación según la ley— está presente en lo que respecta al pensamiento en su primera aparición. Con respecto al resto de la experiencia, lo que entra como una aparición ante mi conciencia no manifiesta de inmediato toda la realidad; Pero, con respecto al pensamiento, todo pasa sin residuos a lo que se me da. En el primer caso, debo penetrar la cáscara para llegar al núcleo; En el segundo, shell y kernel son una unidad indivisible. Es sólo una preconcepción universalmente humana si el pensamiento al principio nos parece completamente análogo con el resto de la experiencia. En el caso del pensamiento, sólo necesitamos superar esta idea preconcebida dentro de nosotros mismos. En el caso del resto de la experiencia, necesitamos resolver una dificultad inherente al hecho mismo.

Aquello que buscamos, en el caso del resto de la experiencia, se tiene en sí mismo en el caso de pensar convertirse en experiencia inmediata.

De este modo, se resuelve una dificultad que difícilmente podría resolverse de otra manera. Es una exigencia justificable de la ciencia que nos limitemos a experimentar. Pero es una demanda no menos justificable que busquemos la ley interna de la experiencia. Por lo tanto, este "interior" debe aparecer en algún lugar de la experiencia. La experiencia se profundiza así con la ayuda de la experiencia misma.

Nuestra teoría del conocimiento hace que la demanda de experiencia sea la más elevada; Repele todo intento de introducir algo en la experiencia desde fuera. Esta teoría encuentra incluso caracterizaciones de pensamiento dentro de la experiencia. La forma en que el pensamiento entra en manifestación es la misma que la del resto del mundo de la experiencia.

El principio de la experiencia es generalmente mal entendido tanto en su alcance como en su verdadero significado. En su forma más descarada, es la demanda de que los objetos de la realidad deben dejarse en la forma de su primera aparición y sólo así ser tratados como objetos de conocimiento. Esto es puramente un principio de metodología. No dice nada con respecto al contenido de lo que se experimenta. Si se afirmara que sólo los perceptos sensoriales pueden convertirse en objetos de conocimiento, como lo hace el materialismo, entonces no sería posible descansar en este principio. Si el contenido es sensato o ideal no se decide por este principio. Pero si, en cierto caso, debe aplicarse en la forma más burda, a la que nos referimos, ciertamente hace una presuposición. Es decir, exige que los objetos, tal como se experimentan, ya posean una forma suficiente para los esfuerzos del conocimiento. En cuanto a la experiencia de los sentidos externos, como hemos visto, este no es el caso. Ocurre sólo en el caso del pensamiento.

Sólo en el caso del pensamiento se puede aplicar el principio de la experiencia en el sentido más extremo.

Esto no excluye que el principio se extienda también al resto del mundo. Posee otras formas además de las más extremas. Si, para el propósito de la explicación científica, no podemos dejar un objeto tal como se experimenta inmediatamente, sin embargo, esta explicación puede tener lugar de tal manera que los medios que empleamos para este propósito se tomen de otras esferas de experiencia. Entonces no hemos ido más allá de los límites de la "experiencia en general".

Una ciencia del conocimiento basada en la concepción del mundo de Goethe pone su énfasis principal en el principio de permanecer siempre fiel a la experiencia. Nadie ha reconocido tan plenamente como Goethe la aplicabilidad exclusiva de este principio. De hecho, representó ese principio con la misma rigidez que hemos exigido anteriormente. Todos los puntos de vista más elevados concernientes a la Naturaleza no los consideraría como nada excepto experiencia. Eran considerados como "Naturaleza superior dentro de la Naturaleza".

En *el ensayo* Nature dice que somos incapaces de salir de la Naturaleza. Si, entonces, deseamos interpretar la Naturaleza para nosotros mismos en este sentido, que era suyo, debemos encontrar los medios dentro de la Naturaleza misma.

Pero, ¿cómo sería posible basar una ciencia del conocimiento en el principio de la experiencia si no encontramos en ninguna parte de la experiencia el elemento básico de todo lo que es científico, es decir, la conformidad ideal con la ley? Simplemente necesitamos apoderarnos de este elemento, como hemos visto; simplemente necesitamos sumergirnos en ella. Porque existe en la experiencia.

Ahora bien, ¿el pensamiento realmente nos encuentra, y se da a conocer nuestra individualidad, de tal manera que podamos reclamar con justicia las características enfatizadas anteriormente? Cualquiera que fije su atención en este punto descubrirá que existe una diferencia esencial entre la forma en que un fenómeno externo de la realidad sensorial se nos da a conocer —o, de hecho, incluso algún otro proceso de nuestra vida mental— y aquel en el que nos damos cuenta de nuestro propio pensamiento. En el primer caso, somos definitivamente conscientes de que estamos en presencia de una cosa ya existente: existente, es decir, en la medida en que se ha convertido en un fenómeno sin que hayamos ejercido ninguna influencia determinante en su devenir. Esto no es cierto para el pensamiento. Sólo por el primer momento el pensamiento parece similar al resto de la experiencia. Cuando nos aferramos a cualquier pensamiento, sabemos, a pesar de la total inmediatez con la que entra en nuestra conciencia, que estamos internamente ligados a su manera de llegar a existir. Cuando se me ocurre cualquier idea repentina, entrando en mi mente abruptamente, de modo que su aparición es, por lo tanto, desde un cierto punto de vista muy parecido al de un evento externo que primero debe ser mediado por el ojo o el oído, sin embargo, siempre sé que el campo en el que este pensamiento llega a manifestarse es mi propia conciencia; Sé que mi propia actividad debe ser invocada primero antes de que la idea repentina pueda llegar a existir. En el caso de todo objeto externo, soy consciente de que al principio revela sólo su exterior a mis sentidos; en cuanto a un pensamiento, sé con toda certeza que lo que me expone es todo; que entra en mi conciencia como una totalidad completa en sí misma. Los estímulos externos que siempre debemos presuponer en el caso de un objeto externo no están presentes en el caso del pensamiento. Es a estos estímulos a los que debemos atribuir el hecho de que los fenómenos sensibles nos aparecen como algo ya existente; Es a ellos a quienes debemos atribuir la génesis de estos fenómenos. En cuanto a un pensamiento, tengo la seguridad de que esta génesis no es posible aparte de mi propia actividad. Debo trabajar a través del pensamiento, debo recrear su contenido, debo vivir a través de él incluso en sus más mínimos detalles, si ha de tener algún significado para mí.

Hasta ahora hemos llegado a las siguientes verdades. En la primera etapa de la contemplación del mundo, toda la realidad se encuentra con nosotros como un agregado no relacionado; El pensamiento está incluido dentro de este caos. Si nos movemos a través de esta multiplicidad, encontramos en ella un constituyente que posee, incluso en esta primera forma de su aparición, ese carácter que el resto de la multiplicidad debe ganar después. Este constituyente es pensamiento. Lo que debe ser superado en el caso del resto de la experiencia, es decir, la forma de su aparición inmediata, debe ser retenido en el caso del pensamiento. Este factor de realidad que debe permitirse permanecer en su estado original lo encontramos en nuestra conciencia, y estamos unidos con él de tal manera que la actividad de nuestra propia mente es al mismo tiempo la manifestación de este factor. Estos son uno y el mismo hecho visto desde dos lados. Este hecho es el contenido de pensamiento del mundo. En un caso, aparece como una actividad de nuestra conciencia; en el otro, como la manifestación inmediata de una conformidad con la ley, completa dentro de sí misma, un contenido ideal autodeterminado. Veremos rápidamente qué lado posee el mayor peso.

Dado que, ahora, estamos dentro del contenido del pensamiento e impregnamos esto en todos sus ingredientes, estamos en posición de conocer realmente su propia naturaleza. La forma en que nos satisface es una garantía del hecho de que las características que le hemos atribuido realmente le pertenecen. Por lo tanto, ciertamente puede servir como punto de partida para cualquier forma adicional de contemplación del mundo. El carácter esencial del pensamiento puede derivarse del pensamiento mismo; Si queremos llegar al carácter esencial del resto de las cosas, nuestro punto de partida en esta investigación debe ser pensar. Expresemos el asunto de inmediato con mayor claridad. Dado que experimentamos al pensar solo una conformidad real a la ley, una determinación ideal, por lo tanto, la conformidad con la ley del resto del mundo, que no experimentamos en esto mismo, también debe estar incluida dentro del pensamiento. En otras palabras, el pensamiento y la apariencia de los sentidos están cara a cara en la experiencia. Este último, sin embargo, no nos da ninguna revelación de su propia naturaleza; El primero nos da esto tanto en cuanto a sí mismo como a la naturaleza de esta apariencia para los sentidos.

PENSAMIENTO Y CONCIENCIA

Parece, sin embargo, como si nosotros mismos hubiéramos introducido aquí el elemento subjetivo que estábamos tan decididos a excluir de nuestra teoría del conocimiento. Aunque el resto del mundo perceptivo no posee un carácter subjetivo, por lo que podría deducirse de nuestra explicación, sin embargo, los pensamientos, incluso según nuestra propia opinión, tienen tal carácter.

Esta objeción se basa en una confusión de dos cosas: el teatro en el que nuestros pensamientos desempeñan su papel y ese elemento del que derivan la determinación de su contenido, la ley interna de su naturaleza. No producimos en absoluto un contenido de pensamiento de tal manera que, en esta producción, determinemos en qué interconexiones entrarán nuestros pensamientos. Simplemente proporcionamos la ocasión a través de la cual el contenido del pensamiento se desarrolla de acuerdo con su propia naturaleza. Captamos el pensamiento a y el pensamiento b y les damos la oportunidad de entrar en una conexión de acuerdo con el principio al llevarlos a una interacción mutua entre sí. No es nuestra organización subjetiva la que determina esta interrelación entre a y b de cierta manera, pero el contenido de a y b es el único determinante. El hecho de que *a* esté relacionado con *b* de cierta manera y no de otra, sobre este hecho no tenemos la menor influencia. Nuestra mente produce la interconexión entre las masas de pensamiento sólo de acuerdo con la medida de su propio contenido. Así cumplimos el principio de la experiencia en su forma más calva en el caso del pensamiento.

Esto refuta la opinión de Kant y Schopenhauer, y en un sentido más amplio de Fichte también, de que las leyes que asumimos para explicar el mundo son simplemente un efecto de nuestra propia organización mental, y que las inyectamos en el mundo solo debido a nuestra propia individualidad mental.

Otra objeción podría plantearse desde un punto de vista subjetivo. Aunque la relación controlada por la ley de las masas del pensamiento no se produce de acuerdo con nuestra propia organización, sino que depende del contenido del pensamiento, sin embargo, este mismo contenido puede ser un mero producto subjetivo, una mera cualidad de nuestra mente, de modo que simplemente deberíamos estar uniendo elementos producidos primero por nosotros mismos. En este caso, nuestro mundo de pensamiento sería, sin embargo, una apariencia subjetiva. Pero es muy fácil responder a esta objeción. Es decir, si estuviera bien fundado, estaríamos uniendo el contenido de nuestros pensamientos de acuerdo con las leyes mientras permanecíamos totalmente inconscientes de dónde vienen estas leyes. Si estos no surgen de nuestro ser subjetivo, una suposición que ya hemos tomado en consideración y dejado de lado como insostenible, ¿qué podría proporcionarnos entonces leyes de interconexión para un contenido producido por nosotros mismos?

En otras palabras, nuestro mundo de pensamiento es una entidad que descansa totalmente sobre sí misma, una totalidad encerrada en sí misma, completa y entera dentro de sí misma. Aquí percibimos cuál de los dos aspectos del mundo del pensamiento es el esencial: el aspecto objetivo de su contenido y no el aspecto subjetivo de su modo de emergencia.

Esta visión de la pureza interior y la integridad del pensamiento aparece en su forma más clara en el sistema científico de Hegel. Nadie más ha atribuido al pensamiento un poder tan completo que podría formar una base en sí mismo para una concepción del mundo. Hegel tiene absoluta confianza en el pensamiento. De hecho, es el único factor de la realidad en el que confía en el sentido más amplio de la palabra. Sin embargo, aunque su punto de vista es en general muy correcto, él más que nadie ha destruido la confianza en el pensamiento por la forma excesivamente incondicional en que lo ha aplicado. La forma en que ha presentado su punto de vista es responsable de la confusión irremediable que ha encontrado su camino en nuestro "pensamiento sobre el pensamiento". Deseaba hacer evidente la importancia del pensamiento, de la idea, definiendo la necesidad racional en los mismos términos que la necesidad fáctica. Al hacerlo, ha dado lugar a la falacia de que las determinaciones de pensamiento no son puramente ideales, sino fácticas. Su punto de vista pronto fue concebido como si hubiera buscado el pensamiento mismo como uno de los hechos en el mundo de la realidad sensible. De hecho, no se dejó del todo claro al respecto. La verdad debe ser firmemente comprendida que la esfera del pensamiento está sólo en la conciencia humana. Entonces debe demostrarse que el mundo del pensamiento no sacrifica en lo más mínimo su objetividad. Hegel expuso a la vista sólo los aspectos objetivos del pensamiento; pero la mayoría de las personas sólo ven lo que es más fácil de ver —el aspecto subjetivo— y les parece que Hegel trata algo puramente ideal como una cosa, es decir, que se entregó a una mistificación. Incluso no se puede decir que muchos eruditos de la época presente estén completamente libres de esta falacia. Condenan a Hegel debido a un defecto que él mismo no poseía, pero que ciertamente puede ser interpuesto en él porque no explicó el asunto en cuestión con suficiente claridad.

Admitimos que estamos aquí frente a algo que es difícil para nosotros juzgar con las capacidades que poseemos. Sin embargo, creemos que puede ser dominado por cada pensador enérgico. Debemos formar dos concepciones diferentes: primero, que por nuestra propia actividad traemos el mundo ideal a la manifestación; y, en segundo lugar, al mismo tiempo que lo que por nuestra actividad llamamos a la existencia descansa, sin embargo, en sus propias leyes. Es cierto que estamos acostumbrados a concebir un fenómeno como si sólo necesitáramos permanecer pasivos ante él, observándolo. Pero esto no es en absoluto una necesidad absoluta. No importa cuán desconocida pueda ser la concepción para nosotros, que por nuestra actividad traemos una entidad objetiva a la manifestación, es decir, en otras palabras, que no simplemente nos damos cuenta de un fenómeno, sino que al mismo tiempo lo producimos, esta concepción no es en absoluto inválida.

Sólo es necesario que abandonemos la idea habitual de que hay tantos mundos de pensamiento como individuos humanos. Esta idea no es más que una antigua idea preconcebida. Se presupone tácitamente en todas partes sin ninguna conciencia de que otra concepción es al menos igualmente posible, y que los argumentos para la validez de una u otra deben, por lo tanto, al menos ser sopesados. Imaginemos por un momento, en lugar de la preconcepción anterior, lo siguiente: que hay un solo contenido de pensamiento, y que nuestro pensamiento individual no es más que el acto de trabajar nosotros mismos, nuestras personalidades individuales, en el centro de pensamiento del mundo. Este no es el lugar para investigar si este punto de vista es correcto o no; Pero es posible, y hemos alcanzado lo que queríamos lograr: es decir, hemos demostrado que es totalmente para posponer la presente empresa probar que la objetividad del pensamiento, que hemos declarado una cuestión de necesidad no es una concepción contradictoria.

Desde el punto de vista de su objetividad, el trabajo del pensador puede compararse muy apropiadamente con el de un mecánico. Así como este último lleva las fuerzas naturales a la acción recíproca y, por lo tanto, produce una actividad intencional y un esfuerzo de fuerzas, así el pensador hace que los elementos de pensamiento entren en actividad recíproca, y estos evolucionan en los sistemas de pensamiento que componen nuestras ciencias.

No hay mejor manera de arrojar luz sobre una concepción que exponiendo las falacias dispuestas contra ella. Una vez más, recurramos a este método, empleado ya de manera rentable más de una vez.

Generalmente se supone que la razón por la que unimos ciertos conceptos en complejos mayores, o por qué pensamos de cierta manera, es porque sentimos una cierta compulsión interna (lógica) para hacer esto. Volkelt también se ha apropiado de esta opinión. Pero ¿cómo se puede armonizar esto con la claridad transparente con la que todo nuestro mundo de pensamiento está presente en la conciencia? No sabemos nada en el mundo más a fondo de lo que conocemos nuestros pensamientos. ¿Debemos, entonces, asumir una cierta conexión sobre la base de una compulsión interna cuando todo está tan claro? ¿Qué necesidad tengo de la compulsión cuando conozco la naturaleza de lo que debe estar unido, lo conozco de principio a fin, y puedo guiarme de acuerdo con esta naturaleza? Todas las operaciones de nuestro pensamiento son procesos que suceden debido a la comprensión de la naturaleza esencial de los pensamientos, y no de acuerdo con la compulsión. Tal compulsión contradice la naturaleza del pensamiento.

Ciertamente podríamos admitir la posibilidad de que pueda ser parte de la naturaleza esencial del pensamiento estampar su contenido directamente sobre su manifestación, pero que, sin embargo, no podemos percibir inmediatamente este contenido por medio de nuestra organización mental. Pero no es así. La forma en que el contenido del pensamiento se encuentra con nosotros es una garantía para nosotros de que aquí tenemos la naturaleza esencial de la cosa que tenemos ante nosotros. Estamos seguros de que acompañamos con nuestra mente cada proceso en el mundo del pensamiento. Sin embargo, sólo podemos pensar que la forma de manifestación de una cosa está determinada por su naturaleza esencial. ¿Cómo podríamos reproducir la forma de apariencia si no conociéramos la naturaleza esencial de la cosa? Es posible concebir que la forma de aparición emerge ante nosotros como un todo existente y luego buscamos su núcleo central. Pero es imposible mantener el punto de vista de que cooperamos en la producción de la apariencia sin efectuar esta producción por medio de su propio núcleo central.

LA NATURALEZA INTERNA DEL PENSAMIENTO

Acerquémonos un paso más al pensamiento. Hasta ahora hemos estado considerando el lugar del pensamiento en relación con el resto del mundo de la experiencia. Hemos llegado a la conclusión de que ocupa una posición única en ese mundo, que desempeña un papel central. Por el momento, dirigiremos nuestra atención a otra parte. Aquí nos limitaremos a una consideración de la naturaleza interna del pensamiento. Investigaremos el carácter mismo del mundo del pensamiento, para percibir cómo un pensamiento depende de otro; cómo se relacionan los pensamientos entre sí. De esta investigación derivaremos los medios necesarios para llegar a una conclusión en cuanto a la pregunta: "¿Qué es la cognición en general?" O, en otras palabras, ¿cuál es el significado de formar pensamientos sobre la realidad? ¿Cuál es el significado de querer interpretar el mundo por medio del pensamiento?

Aquí debemos mantener nuestras mentes libres de cualquier opinión preconcebida. Deberíamos estar sosteniendo tal preconcepción si asumimos que un concepto (pensamiento) es una imagen dentro de nuestra conciencia por medio de la cual llegamos a una solución con respecto a un objeto que existe fuera de la conciencia. Aquí no nos interesa esta y otras ideas preconcebidas similares. Tomamos los pensamientos tal como los encontramos. La cuestión de si mantienen una relación con cualquier otra cosa y, de ser así, qué tipo de relación es justo lo que investigaremos. Por lo tanto, no debemos plantear tal relación aquí como nuestro punto de partida. Esta misma opinión sobre la relación entre concepto y objeto está muy extendida. De hecho, el concepto a menudo se define como la contraparte mental de un objeto que existe fuera de la mente. Se supone que el concepto reproduce el objeto, mediándonos una verdadera fotografía de este. Muy a menudo, cuando el pensamiento es el tema de discusión, lo que la gente tiene en mente es sólo esta relación preconcebida. Prácticamente nadie considera la idea de atravesar el reino de los pensamientos, dentro de su propia esfera, para descubrir lo que se encuentra allí.

Aquí investigaremos este reino como si nada existiera fuera de sus límites, como si el pensamiento fuera toda la realidad. Durante cierto tiempo desviaremos nuestra atención de todo el resto del mundo.

El hecho de que este tipo de investigación haya sido descuidada en aquellas investigaciones relativas a la teoría del conocimiento que se basan en Kant ha sido ruinoso para esta ciencia. Esta omisión ha dado un impulso a esta ciencia en una dirección que es exactamente opuesta a la nuestra. Esta tendencia científica nunca puede, debido a todo su carácter, comprender a Goethe. Es, en el verdadero sentido de la palabra, anti–goetheano tomar como punto de partida una suposición que no se encuentra a través de la observación, sino que en realidad se inyecta en la cosa observada. Pero esto es lo que realmente ocurre cuando uno establece en la culminación misma del conocimiento científico la idea preconcebida de que la relación mencionada anteriormente existe entre el pensamiento y la realidad, entre la idea y el mundo. La única manera de tratar este asunto a la manera de Goethe es entrar profundamente en la naturaleza del pensamiento mismo y luego observar qué relación se produce cuando el pensamiento, así conocido según su propia naturaleza, se relaciona con la experiencia.

Goethe siempre toma el camino de la experiencia en el sentido más estricto. Primero toma los objetos tal como son y, mientras destierra por completo toda opinión subjetiva, busca penetrar en su naturaleza; Luego crea las condiciones bajo las cuales los objetos pueden aparecer en acción recíproca y observa para ver los resultados. Busca darle a la Naturaleza la oportunidad de poner en práctica sus leyes en circunstancias especialmente características, que él provoca, una oportunidad, por así decirlo, para expresar sus propias leyes.

¿Cómo nos parece nuestro pensamiento cuando se observa en sí mismo? Es una multiplicidad de pensamientos que están entretejidos y unidos orgánicamente de la manera más complicada. Pero, cuando una vez hemos penetrado esta multiplicidad desde todas las direcciones, se convierte de nuevo en una unidad, una armonía. Todos los elementos están relacionados entre sí; existen el uno para el otro; uno modifica otro, lo restringe, etc. En el momento en que nuestra mente concibe dos pensamientos correspondientes, observa a la vez que estos realmente fluyen juntos para formar una unidad. Encuentra en todas partes en todo su reino lo interrelacionado; Este concepto se une con eso, un tercero ilumina o apoya a un cuarto, y así sucesivamente. Si, por ejemplo, encontramos en nuestra conciencia el concepto "organismo", y luego escaneamos nuestro mundo conceptual, nos encontramos con otro concepto, "evolución sistemática, crecimiento". Queda claro que estos dos conceptos pertenecen juntos; que representan simplemente dos aspectos de una y la misma cosa. Pero esto es cierto para todo nuestro sistema de pensamiento. Todos los pensamientos individuales son partes de un gran todo que llamamos nuestro mundo conceptual.

Cuando cualquier pensamiento emerge en la conciencia, no puedo descansar hasta que esto se ponga en armonía con el resto de mi pensamiento. Un concepto tan aislado, aparte del resto de mi mundo mental, es completamente insoportable. Simplemente soy consciente del hecho de que existe una armonía interiormente sostenida entre todos los pensamientos; que el mundo del pensamiento es de la naturaleza de una unidad. Por lo tanto, cada aislamiento de este tipo es una anormalidad, una falsedad.

Cuando hemos llegado a ese estado mental en el que

todo nuestro mundo de pensamiento tiene el carácter de una completa armonía interior, obtenemos así la satisfacción por la que nuestra mente se está esforzando. Sentimos que estamos en posesión de la verdad.

Puesto que percibimos la verdad en el acuerdo exhaustivo de todos los conceptos en nuestra posesión, la pregunta se impone de inmediato sobre nosotros: "¿Tiene el pensamiento, aparte de toda realidad perceptible del mundo fenoménico de los sentidos, un contenido propio? Cuando hemos eliminado todo contenido sensorial, ¿no es el resto un vacío total, un mero fantasma?"

Bien podría ser una opinión generalizada que esto es cierto; Por lo tanto, debemos considerar esta opinión un poco más de cerca. Como ya hemos señalado anteriormente, con mucha frecuencia se asume que todo el sistema de conceptos es simplemente una fotografía del mundo externo. Se sostiene firmemente que el conocimiento evoluciona en forma de pensamiento; pero se exige de "conocimiento estrictamente científico" que reciba su contenido del exterior. Según este punto de vista, el mundo debe proporcionar la sustancia que fluye en nuestros conceptos; Sin eso, estas son meras formas vacías y carentes de contenido. Si el mundo externo desapareciera, entonces los conceptos y las ideas ya no tendrían ningún significado, porque existen debido a ese mundo.

Este punto de vista podría llamarse la negación del

concepto; porque allí ya no posee ningún significado en relación con la objetividad. Es algo añadido a esto último. El mundo existiría así en toda plenitud, incluso si no hubiera conceptos de ningún tipo, porque estos no aportan nada nuevo al mundo. No contienen nada que no exista sin ellos. Están ahí sólo porque el sujeto conocedor quiere usarlos para poseer en una forma adecuada para él lo que de otra manera ya está allí. Son meros mediadores del tema de un contenido que es de carácter no conceptual. Tal es el punto de vista que estamos discutiendo.

Si estuviera bien fundado, una de las siguientes suposiciones sería necesariamente cierta.

Que el mundo conceptual está en tal relación con el mundo externo que simplemente repite todo el contenido de esto en otra forma. (Aquí el término "mundo externo" significa el mundo de los sentidos). Si tal fuera el caso, uno no podría percibir ninguna necesidad de elevarse en absoluto por encima del mundo de los sentidos. En este último ya se daría todo lo relacionado y perteneciente al conocimiento.

Que el mundo conceptual toma como contenido meramente una parte de la "apariencia para los sentidos". Podemos imaginar la cosa algo así. Hacemos una serie de observaciones. Nos encontramos en estos los objetos más diversos. Descubrimos en el proceso que ciertas características que observamos en un determinado objeto ya han sido observadas por nosotros. Una serie de objetos pasan en encuesta ante nuestros ojos: A, B, C, D, etc. Supongamos que A tuviera las características *p q a r*; B muestra *i m b n*; C, *k h c g*; D, *p u a v*. Aquí, en el caso de D, nos encontramos de nuevo con las características *a* y *p* previamente observadas en relación con A. Designamos estas características como esenciales. Y, en la medida en que A y D poseen características esenciales en común, decimos que son del mismo tipo. Así unimos A y D en que nos aferramos a sus características esenciales en nuestro pensamiento. Aquí tenemos un pensamiento que no coincide del todo con el mundo de los sentidos y al que no se puede aplicar la acusación de superfluidad mencionada anteriormente, y sin embargo está lejos de aportar algo nuevo al mundo de los sentidos. Frente a esto, podemos decir, en primer lugar, que determinar qué características de una cosa son esenciales requiere, para empezar, una cierta norma que nos permita distinguir entre esencial y no esencial. Esta norma no puede existir en el objeto mismo, porque esto incluye tanto lo esencial como lo no esencial en la unidad inseparable. Esta norma debe pertenecer al contenido mismo de nuestro pensamiento.

Pero esta objeción no refuta totalmente este punto de vista. Alguien que sostenga este punto de vista podría enfrentar la objeción de esta manera. Podría admitir que no tenemos justificación para clasificar ninguna característica como esencial o no esencial, pero podría declarar que esto no tiene por qué molestarnos; que simplemente clasificamos las cosas juntas cuando observamos características similares en ellas sin tener en cuenta la naturaleza esencial o no esencial de estas características.

Este punto de vista, sin embargo, requiere una presuposición que de ninguna manera cuadra con los hechos. Mientras nos limitemos a la experiencia sensorial, no hay nada realmente en común entre dos cosas de la misma clase. Un ejemplo lo dejará claro. Lo más simple es lo mejor porque se puede encuestar mejor.

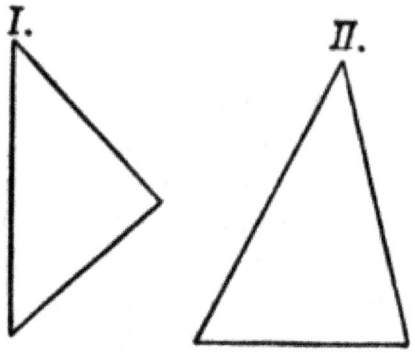

Observemos los dos triángulos anteriores. ¿Qué hay realmente en común entre ellos cuando nos limitamos a la experiencia sensorial? Nada de nada. Lo que poseen en común, es decir, el principio sobre el cual están formados y que hace que se clasifiquen bajo el *concepto triángulo*, se alcanza solo cuando cruzamos el límite de la experiencia sensorial. El *concepto triángulo* comprende todos los triángulos. No lo alcanzamos simplemente observando todos los triángulos individuales. Este concepto sigue siendo siempre el mismo, por muy frecuente que lo conciba, mientras que difícilmente sucederá que vea dos triángulos idénticos. Eso por razón de que un solo triángulo es "este" triángulo y ningún otro no tiene nada que ver con el concepto. Un triángulo específico es *este* específico, no porque corresponda al concepto, sino por elementos que se encuentran completamente fuera del concepto: — la longitud de sus lados, las medidas de sus ángulos, su posición, etc. Sin embargo, es bastante incorrecto sostener que el contenido del *concepto* se toma prestado del mundo sensorial externo, ya que es evidente que su contenido no se encuentra en ningún fenómeno sensorial.

Una tercera vista es posible. El concepto puede ser el mediador a través del cual aprehender ciertas entidades que no son perceptibles para los sentidos pero que poseen un carácter autosuficiente. Este carácter sería el contenido no conceptual de la forma conceptual de nuestro pensamiento. Quienquiera que asuma tales entidades existentes más allá de los límites de la experiencia, y nos atribuya la posibilidad de un conocimiento de estas entidades, necesariamente debe ver en el concepto al intérprete de esta cognición.

La insuficiencia de este punto de vista la dejaremos especialmente clara más adelante. Por el momento, basta con señalar que, en cualquier caso, no va en contra del carácter contencioso del mundo conceptual. Porque, si el objeto sobre el que pensamos realmente estuviera más allá de los límites de la experiencia y del pensamiento, el pensamiento tendría que contener aún más dentro de sí el contenido sobre el que descansa. Todavía no podía pensar en objetos de los que no se pudiera encontrar rastro dentro del mundo del pensamiento.

En cualquier caso, está claro que el pensamiento no es una vasija vacía, sino que en sí mismo posee contenido y que su contenido no cuadra con el de cualquier otra forma de fenómeno.

CUARTA PARTE: Conocimiento

PENSAMIENTO Y PERCEPCIÓN

El conocimiento impregna la realidad percibida con los conceptos aprehendidos y trabajados por nuestro pensamiento. Complementa y profundiza lo que se recibe pasivamente por medio de lo que nuestra mente a través de su propia actividad ha sacado de la oscuridad del mero potencial a la luz de la realidad. Esto presupone que la percepción necesita ser complementada por la mente; Esa percepción no es en sí misma algo definitivo, definitivo, concluyente.

La falacia fundamental de la ciencia moderna consiste en el hecho de que considera la percepción sensorial como algo concluyente, completo. Por esta razón, se propone la tarea simplemente de fotografiar esta existencia, completa en sí misma. El único punto de vista que es lógico a este respecto es el positivismo, que simplemente rechaza todo avance más allá de la percepción. Sin embargo, hoy en día se observa en casi todas las ramas de la ciencia un esfuerzo por considerar este punto de vista como correcto. En el verdadero sentido de la palabra, tal demanda sería adecuada sólo para una ciencia que simplemente enumera y describe las cosas tal como existen una al lado de la otra en el espacio, y los sucesos a medida que se suceden en el tiempo. La historia natural del tipo más antiguo es lo que más se acerca a cumplir con este requisito. El tipo más nuevo hace la misma demanda, sin duda, y establece una teoría completa de la experiencia; sin embargo, solo para transgredir esto de inmediato en el momento en que emprende el primer paso hacia el conocimiento real.

Si quisiéramos aferrarnos a la experiencia pura, tendríamos que vaciarnos completamente de nuestro pensamiento. Negar al pensamiento la capacidad de percibir en sí mismo entidades que son inaccesibles a los sentidos es una degradación del pensamiento. Aparte del factor de las cualidades sensibles, debe haber dentro de la realidad un factor que sea aprehendido por el pensamiento. El pensamiento es un órgano del hombre ordenado para observar algo más elevado que lo que ofrecen los sentidos. Al pensamiento es accesible ese lado de la realidad del que un mero ser sensorial nunca podría darse cuenta. Para lo que existe el pensamiento no es simplemente para repetir lo sensible, sino para penetrar en lo que está oculto a los sentidos. La percepción sensorial nos da sólo un lado de la realidad. El otro lado es la aprehensión del mundo a través del pensamiento. A primera vista, el pensamiento nos parece algo bastante ajeno a la percepción; Porque la percepción entra en nosotros desde afuera, mientras que el pensamiento trabaja desde adentro hacia afuera. El contenido del pensamiento nos aparece como un organismo interiormente completo; Todo está en la interrelación más estrecha. Los miembros individuales del sistema de pensamiento se determinan mutuamente; Cada concepto tiene sus raíces últimas en la totalidad de nuestra estructura de pensamiento.

A primera vista, parece como si la libertad interior de la contradicción que caracteriza al pensamiento, su autosuficiencia, hiciera imposible cualquier transición a la percepción. Si las caracterizaciones del pensamiento fueran tales que pudieran satisfacerse de una sola manera, el pensamiento estaría realmente confinado dentro de sí mismo; No podíamos salir de su interior. Pero este no es el caso. Estas caracterizaciones son tales que pueden satisfacerse de diversas maneras; Sólo el elemento que produce esta multiplicidad no debe buscarse dentro del pensamiento mismo. Tomemos la caracterización del pensamiento: "La tierra atrae a todos los demás cuerpos". Observaremos de inmediato que el pensamiento admite la posibilidad de ser realizado de las más diversas maneras. Pero estas son variaciones que ya no se pueden alcanzar pensando. Hay espacio para otro elemento. Este elemento es el percepto sensorial. Esta percepción ofrece tal forma de especialización de las caracterizaciones del pensamiento, que se deja abierta por el pensamiento mismo.

Es en esta especialización que el mundo se encuentra con nosotros cuando hacemos uso de la mera experiencia. Psicológicamente, eso viene primero, que de hecho es el derivado.

En todo trabajo de la realidad a través de la cognición, el proceso es el siguiente: Nos encontramos con una percepción concreta. Nos confronta como un acertijo. Dentro de nosotros se manifiesta el impulso de investigar su "¿Qué?" —su verdadera naturaleza— que el percepto mismo no expresa. Este impulso no es más que el funcionamiento ascendente de un concepto fuera de la oscuridad de nuestra conciencia. Entonces sostenemos este concepto firmemente mientras el percepto sensorial se mueve en una línea paralela con este proceso de pensamiento. La percepción muda de repente habla un lenguaje inteligible para nosotros; Sabemos que el concepto que nos hemos apoderado es la verdadera naturaleza de la percepción que hemos estado buscando.

Lo que ha ocurrido aquí es un juicio. Es diferente de esa forma de juicio que une dos conceptos sin referencia a percepciones. Cuando digo: "La libertad es la determinación de un ser desde dentro de sí mismo", aquí también he formado un juicio. Los constituyentes de este juicio son conceptos que no se me dan en la percepción. Sobre tales juicios descansa esa unidad interna de nuestro pensamiento que discutimos en el capítulo anterior.

El juicio que ahora consideramos tiene como sujeto un percepto y como predicado un concepto. "Este animal ante mí es un perro". En tal juicio, una percepción se inyecta en mi sistema de pensamiento en un lugar determinado. Llamemos a tal juicio un juicio perceptual.

Por medio del juicio perceptual sabemos que un determinado objeto sensible corresponde por naturaleza con un concepto determinado.

Si, entonces, vamos a comprender lo que percibimos, la percepción debe haberse formado dentro de nosotros de antemano como un concepto determinado. Cualquier objeto del cual esto no fuera cierto debemos pasar sin que sea inteligible para nosotros.

Que tal es el caso se demuestra mejor por el hecho de que las personas que han vivido una vida mental rica también penetran mucho más profundamente en el mundo de la experiencia que otros de los cuales esto no es cierto. Mucho de lo que pasa por encima de otros sin dejar rastro causa una profunda impresión en estas personas. ('Si el ojo no fuera como el sol, nunca podría ver el sol'). Pero, si se puede preguntar, ¿no encontramos en nuestras vidas innumerables cosas de las que no hemos tenido previamente la más mínima concepción? — ¿Y no formamos sobre el terreno conceptos de estos? Indudablemente. Pero, ¿es la suma de todos los conceptos potenciales idéntica a la suma de los que ya he formado en la parte anterior de mi vida? ¿No es mi sistema conceptual capaz de evolucionar? En presencia de una realidad que es ininteligible para mí, ¿no puedo poner mi pensamiento en acción para que pueda evolucionar en el acto el concepto con el que debo hacer coincidir el objeto? Sólo necesito poseer la capacidad de extraer un concepto determinado de la reserva del mundo del pensamiento. No es que un concepto determinado ya fuera conocido conscientemente por mí en la parte anterior de mi vida, sino que este concepto puede ser extraído del mundo de pensamientos accesibles a mí. Dónde y cuándo comprendo el concepto no es esencial para su contenido. De hecho, saco caracterizaciones del pensamiento del mundo del pensamiento. Nada fluye del objeto sensible a este contenido. Simplemente reconozco en el objeto sensible el pensamiento que saco de mi interior. Este objeto me induce, sin duda, a llamar en un momento determinado desde la unidad de todos los pensamientos potenciales sólo a este único contenido de pensamiento, pero de ninguna manera me proporciona el material para construir el pensamiento. Esto debo sacarlo de dentro de mí mismo.

Cuando hacemos que nuestro pensamiento se vuelva activo, sólo entonces la realidad alcanza las verdaderas caracterizaciones. Anteriormente mudo, ahora habla un lenguaje claro.

Nuestro pensamiento es el intérprete que explica el tonto espectáculo de experiencia.

Los hombres están tan acostumbrados a considerar el mundo de los conceptos como vacío de contenido, y a contrastar con este mundo la percepción de estar lleno de contenido y determinar completamente, que será difícil para los verdaderos hechos del caso ganar el lugar que les pertenece. La verdad se pasa por alto por completo que la mera contemplación es la cosa más vacía imaginable y que recibe contenido solo del pensamiento. La única verdad con respecto al objeto es que mantiene el flujo constante del pensamiento en una forma determinada sin que tengamos que cooperar activamente para sostenerlo. Cuando alguien que tiene una vida mental rica ve mil cosas que no son nada para los pobres mentales, esto muestra tan claramente como la luz del sol que el contenido de la realidad es sólo el reflejo del contenido de nuestras mentes y que recibimos de fuera simplemente la forma vacía. Por supuesto, debemos poseer el poder interior para reconocernos como el creador de este contenido; De lo contrario, siempre veremos sólo el reflejo y nunca nuestra propia mente que se refleja. De hecho, alguien que se percibe a sí mismo en un espejo real debe conocerse a sí mismo como una personalidad para reconocerse a sí mismo en la imagen reflejada.

Toda percepción sensorial finalmente se resuelve, en cuanto a su naturaleza esencial, en contenido ideal. Sólo entonces nos parece transparente y claro. Las ciencias no se ven afectadas en gran medida por la conciencia de esta verdad. Las caracterizaciones del pensamiento se consideran los atributos de los objetos, como colores, olores, etc. Por lo tanto, se supone que todos los cuerpos se caracterizan por la definición de que permanecen en el estado en el que están, de reposo o movimiento, hasta que una influencia externa altera su estado. Es en esta forma que la ley de la inercia juega su papel en las ciencias naturales. Pero el hecho real es algo muy diferente. En mi sistema conceptual el *cuerpo* conceptual existe en muchas modificaciones. Uno de ellos es el concepto de una cosa que puede por sí misma ponerse en movimiento o llegar a descansar; Otro es el concepto de un cuerpo que altera su estado sólo bajo una influencia externa. Estos últimos cuerpos los designamos como inorgánicos. Si, entonces, me encuentro con un cierto cuerpo que refleja en la percepción la definición conceptual anterior, lo designo como inorgánico y uno con él todas las caracterizaciones que se derivan del concepto de un cuerpo inorgánico.

Todas las ciencias deben estar impregnadas por la convicción de que su contenido es únicamente un contenido de pensamiento y que no mantienen otra relación con la percepción que la de que ven en el objeto perceptivo una forma especializada del concepto.

INTELECTO Y RAZÓN

El pensamiento tiene una doble función que cumplir: primero, formar conceptos con contornos claramente delineados; en segundo lugar, unir los conceptos individuales así formados en un todo unificado. En primera instancia, tenemos que ver con la actividad de diferenciación; en el segundo con el de combinación. Estas dos tendencias mentales no gozan de ninguna manera del mismo favor en las ciencias. El número de personas que poseen la perspicacia que diferencia incluso hasta las más pequeñas nimiedades es notablemente mayor que el de las personas que poseen el poder combinado del pensamiento que penetra hasta las profundidades de las cosas.

Durante mucho tiempo se ha supuesto que la función de la ciencia consistía en una diferenciación adecuada entre las cosas. Basta recordar el estado de la historia natural en la época de Goethe. A través de la influencia de Linneo, se había convertido en el ideal de esta ciencia investigar las diferencias entre las plantas individuales lo suficiente como para tener éxito en separar nuevas clases y subclases sobre la base de las características más insignificantes. Dos especies de animales o plantas que difieren sólo en los detalles menos esenciales fueron asignadas inmediatamente a diferentes clases. Si se descubría que alguna criatura hasta entonces asignada a cierta clase mostraba una divergencia inesperada del carácter de clase arbitrariamente determinado, el resultado no era un esfuerzo por descubrir cómo esta divergencia podría explicarse sobre la base de ese mismo carácter de clase, sino que, por el contrario, se establecía una nueva clase.

Esta diferenciación es obra del intelecto. Sólo tiene que dividir y retener los conceptos en este proceso de división. Es una etapa necesaria preliminar a todas las formas superiores de conocimiento científico. En primer lugar, debemos haber fijado definitivamente los conceptos antes de que podamos buscar una armonía entre ellos. Pero no debemos detenernos en la etapa de división. Para el intelecto, las cosas están divididas que una necesidad humana fundamental requiere que veamos unidas. Para el intelecto, causa y efecto están divididos; mecanismo y organismo; libertad y necesidad; idea y realidad; espíritu y naturaleza; etc., etc. Todas estas diferenciaciones son establecidas por el intelecto. Deben establecerse, porque de lo contrario el mundo nos parecería un caos borroso y oscuro que no formaría para nosotros ninguna unidad, excepto en el sentido de que sería completamente indeterminado.

El intelecto mismo no es capaz de pasar más allá de este proceso de división. Se aferra a los miembros divididos.

La tarea de ir más allá de esto pertenece a la razón. Debe hacer que los conceptos formados por el intelecto pasen unos a otros. Tiene que mostrar que lo que el intelecto mantiene en estricta separación es en realidad una unidad interna. La división es algo introducido artificialmente, una etapa intermedia necesaria para nuestro conocimiento, pero no su conclusión. Quien aprehende la realidad sólo se aleja intelectualmente de ella. En lugar de la realidad, que es en verdad una unidad, establece una multiplicidad artificial, una multiplicidad, que no tiene relación con la naturaleza esencial de la realidad.

Esta es la fuente de la discordia que surge entre el conocimiento perseguido intelectualmente y el corazón humano. Muchas personas cuyo pensamiento no se ha desarrollado tanto como para permitirles alcanzar así una visión unificada del mundo que puedan captar con total claridad conceptual son, sin embargo, capaces de penetrar a través de sus sentimientos en la armonía interior del mundo en su conjunto. A estos se les da por el corazón lo que los científicamente entrenados reciben de la razón.

Cuando tales personas se encuentran con la visión intelectual del mundo, rechazan con desprecio la multiplicidad interminable y se aferran a esa unidad que no conocen, de hecho, pero que sienten más o menos vívidamente. Ven muy bien que el intelecto está alienado de la Naturaleza, que pierde de vista ese vínculo espiritual que une las partes de la realidad.

La razón lleva de vuelta a la realidad. La unidad de todo ser, que antes se había sentido o sólo vagamente sentido, está completamente comprendida por la razón. La visión intelectual debe ser profundizada por la visión de la razón. Si se considera lo primero, no sólo como un punto de transición inevitable, sino como un fin en sí mismo, no produce realidad, sino sólo una caricatura.

A veces surgen dificultades para combinar los pensamientos formados por el intelecto. La historia de la ciencia ofrece numerosas evidencias de este hecho. A menudo vemos a la mente humana luchando por reunir las diferencias creadas por el intelecto.

En la visión razonada del mundo, el hombre finalmente llega a la unidad indivisa.

Kant llamó la atención sobre la diferencia entre intelecto y razón. La razón la definió como la capacidad de percibir ideas; mientras que el intelecto se limita a ver el mundo en su división, en el aislamiento de partes individuales.

Es cierto que la razón es la capacidad de percibir ideas. Aquí debemos definir la diferencia entre concepto e idea, a la que hasta ahora no hemos prestado atención. Para nuestro propósito hasta este punto sólo era necesario descubrir aquellas cualidades del pensamiento que están presentes tanto en el concepto como en la idea. El concepto es un pensamiento único captado por el intelecto. Si traigo un número de tales pensamientos individuales a un flujo vivo para que pasen unos a otros, se unan, surgen estructuras de pensamiento que existen solo por la razón, que no pueden ser alcanzadas por el intelecto. Las creaciones del intelecto entregan su existencia aislada a la razón, y desde entonces viven sólo como partes de una totalidad. Estas estructuras formadas por la razón que llamaremos ideas.

Que la idea reduce a la unidad una multiplicidad de conceptos intelectuales fue declarado también por Kant. Pero definió aquellas estructuras que se manifiestan a través de la razón como meros fantasmas, como ilusiones, reflejadas eternamente ante la mente humana, porque el hombre siempre se esfuerza por alcanzar una unidad de experiencia que nunca se le da. Las unidades que se forman en las ideas no descansan, según Kant, en relaciones objetivas; No fluyen de la cosa misma, sino que son meras normas subjetivas según las cuales ponemos orden en nuestro conocimiento. Kant, por lo tanto, designó las ideas, no como principios constitutivos que deben ser determinantes para las cosas, sino como principios regulativos que tienen significado y significado solo para la sistemática de nuestro conocimiento.

Pero, si observamos la manera en que las ideas llegan a existir, este punto de vista se muestra a la vez como falaz. Es cierto, por supuesto, que la razón subjetiva tiene un anhelo de unidad. Pero este anhelo carece de contenido, un mero esfuerzo vacío hacia la unidad. Si la razón se enfrenta a algo que carece absolutamente de tal unidad de naturaleza, la razón no puede producir la unidad de sí misma. Pero, si la razón se enfrenta a una multiplicidad que admite ser reducida a una armonía interior, entonces la razón hace que esto suceda. Tal multiplicidad es el mundo de los conceptos intelectualmente formados.

La razón no presupone una unidad determinada, sino la forma vacía de unificación; Es la capacidad de traer armonía a la luz cuando existe armonía en el objeto mismo. Los conceptos mismos se unen en la razón para formar ideas. La razón pone en evidencia la unidad superior de los conceptos intelectuales, la unidad que el intelecto posee, de hecho, en sus imágenes, pero carece de la capacidad de percibir. El hecho de que esta verdad se pase por alto es la causa de muchos malentendidos en cuanto a la aplicación de la razón en las ramas del conocimiento científico.

Hasta cierto punto, toda ciencia en sus propios rudimentos, e incluso el pensamiento ordinario, tiene necesidad de razón. Cuando, en la proposición: "Todo cuerpo posee peso", unimos el sujeto-concepto con el predicado-concepto, ya tenemos una unión de dos conceptos y, por lo tanto, la actividad más simple de la razón.

La unidad que la razón toma como objeto existe antes de todo pensamiento, antes de todo uso de la razón; sólo, está oculto; Existe meramente como una potencialidad, no como un fenómeno real. Entonces la mente humana introduce la división para que podamos tener una visión completa de la realidad a través de la unificación de la razón de los miembros separados.

Quien no presupone esto debe considerar todas las combinaciones de pensamientos como el trabajo arbitrario de la mente subjetiva, o bien asumir que la unidad existe detrás del mundo que experimentamos, y que nos obliga, de una manera desconocida para nosotros, a reducir la multiplicidad nuevamente a la unidad. En ese caso, unimos pensamientos sin ninguna comprensión de las verdaderas razones de la interrelación que provocamos; En ese caso, la verdad no es conocida por nosotros, sino forzada sobre nosotros desde afuera. Todo conocimiento que procede de esta presuposición podemos llamarlo conocimiento dogmático. A esto volveremos más tarde.

Cada punto de vista científico de este tipo encontrará dificultades cuando se le pida que explique por qué producimos una u otra combinación de pensamientos. Es decir, este punto de vista requiere que busquemos razones subjetivas para combinar objetos cuya interconexión por razones objetivas se nos oculta. ¿Por qué formo un juicio cuando lo que requiere la interconexión sujeto-concepto y predicado-concepto no tiene nada que ver con la formación de este juicio?

Kant tomó esta pregunta como punto de partida para su trabajo crítico. Al comienzo de su Crítica de la *razón pura* encontramos la pregunta: ¿Cómo son posibles los juicios sintéticos *a priori*? — es decir, ¿Cómo es posible que una dos conceptos (sujeto y predicado) si el contenido de uno no está ya contenido en el otro, y si el juicio no es un mero juicio experiencial, ¿La fijación de un solo hecho? Kant considera que tales juicios son posibles sólo cuando la experiencia no puede existir excepto en la presuposición de su validez. La posibilidad de la experiencia es, por lo tanto, determinante si se ha de formar tal juicio. Si puedo decirme a mí mismo que la experiencia es posible sólo en caso de que este o aquel juicio sintético sea a *priori* verdadero, entonces el juicio posee validez. Pero este principio no se puede aplicar a las ideas mismas. Según Kant, estos nunca poseen ese grado de objetividad.

Kant decide que las proposiciones de las matemáticas y las ciencias naturales puras son *a priori* tales proposiciones válidas. Toma, por ejemplo, la proposición $7 + 5 = 12$. En 7 y 5 la suma 12 no está, concluye, de ninguna manera contenida. Debo ir más allá de 7 y 5 y apelar a mi sentido de la vista, con lo cual encuentro el concepto 12. Mi visión hace necesario que se asuma la proposición $7 + 5 = 12$. Pero los objetos de la experiencia deben acercarse a mí a través de mi sentido de la vista, mezclándose así con sus principios. Si la experiencia ha de ser posible, tales proposiciones deben ser ciertas.

Antes de un examen objetivo, toda esta estructura de pensamiento artificial de Kant no logra mantenerse. Es imposible que no tenga ni idea en el sujeto-concepto que me dirige al predicado-concepto. Porque ambos conceptos son alcanzados por mi intelecto, y eso en referencia a una cosa que en sí misma constituye una unidad. Que nadie se engañe en este momento. La unidad matemática que se encuentra en la base del número no es primaria. Lo principal es la magnitud, que es un cierto número de repeticiones de la unidad. Debo asumir una magnitud cuando hablo de una unidad. La unidad es una imagen creada por nuestro intelecto que la separa de una totalidad, así como separa el efecto de la causa, las sustancias de sus atributos. Cuando pienso en 7 + 5, realmente tengo 12 unidades matemáticas en mente, solo que no todas a la vez, sino separadas en dos partes. Si pienso en el grupo de unidades matemáticas todas a la vez, esto es absolutamente lo mismo. Esta identidad la expreso en la proposición 7 + 5 = 12. Lo mismo puede decirse de los ejemplos geométricos citados por Kant. Una línea recta limitada con los terminales A y B es una unidad indivisible. Mi intelecto puede formar dos conceptos de esto. En un momento puede considerar la línea recta como una dirección y en otro como la distancia entre los dos puntos A y B. De este hecho viene el juicio: La distancia más corta entre dos puntos es una línea recta.

Todos los juicios, en la medida en que los miembros que entran en el juicio son conceptos, no son más que la reunificación de lo que el intelecto ha dividido. La interconexión sale a la luz tan pronto como uno entra en el contenido de los conceptos intelectuales.

EL ACTO DE LA COGNICIÓN

La realidad se ha dividido para nosotros en dos esferas: las esferas de la experiencia y el pensamiento. La experiencia debe ser considerada desde un doble punto de vista: — Primero, en la medida en que la realidad total posee, aparte de nuestro pensamiento, una forma de manifestación que debe surgir en forma de experiencia. En segundo lugar, en la medida en que es inherente al carácter de nuestra mente (cuya naturaleza esencial consiste en la contemplación: es decir, en una actividad dirigida hacia el exterior) que los objetos a observar deben entrar en su campo de visión: es decir, de nuevo, deben ser dados en forma de experiencia. Puede ser que esta forma de lo dado no contenga en sí misma la naturaleza esencial de la cosa; En cuyo caso, la cosa misma requiere que primero aparezca en la percepción (en la experiencia) solo más tarde para revelar su naturaleza esencial a una actividad de nuestra mente que va más allá de la experiencia. Otra posibilidad es que la naturaleza esencial pueda estar presente en lo inmediatamente dado y que no llegar a ser inmediatamente conscientes de esa naturaleza esencial se deba a la segunda circunstancia: el requisito de nuestra mente de que todo debe aparecer ante ella como experiencia. La segunda posibilidad es cierta para el pensamiento, la primera de todas las demás realidades.

En el caso del pensamiento, sólo es necesario superar nuestras ideas preconcebidas subjetivas para captar esto en su esencia más íntima. Lo que, en el caso de todas las demás realidades, se basa en la situación real de la percepción objetiva, es decir, que la forma inmediata de aparición debe superarse para interpretarla, descansa en el caso del pensamiento solo en una característica de nuestras mentes. En el primer caso, es la cosa misma la que se da a sí misma la forma experiencial; En este último, es la organización de nuestra mente. En un caso, no poseemos todo cuando nos aferramos a la experiencia; En el otro caso, poseemos todo.

Sobre esto descansa el dualismo que debe ser superado por el conocimiento, que es la cognición por medio del pensamiento. El hombre se encuentra confrontado por dos mundos cuya interconexión debe realizar. Una es la experiencia, de la cual sabe que contiene sólo la mitad de la realidad; El otro es el pensamiento, completo en sí mismo, en el que debe fluir esa realidad experiencial externa si se quiere que haya una visión satisfactoria del mundo. Si el mundo estuviera poblado por meras criaturas sintientes, su naturaleza esencial (su contenido ideal) permanecería oculta para siempre; Las leyes, por supuesto, controlarían los procesos mundiales, pero estas leyes nunca se manifestarían. Para que esto ocurra, debe intervenir entre la ley y la forma de manifestación, un ser al que se le dan tanto los órganos necesarios para percibir esa forma sensible de realidad dependiente de las leyes como también la capacidad de percibir la conformidad con la ley misma. De un lado, el mundo sensorial debe encontrarse con este ser y desde el otro lado la naturaleza ideal de este mundo, y debe unir estos dos factores de la realidad por medio de su propia actividad.

Aquí está perfectamente claro que nuestra mente no debe ser concebida como un receptáculo para el mundo ideal, que contiene los pensamientos dentro de sí misma, sino como un órgano que percibe los pensamientos.

Es un órgano de aprehensión al igual que el ojo y el oído. El pensamiento está relacionado con nuestras mentes al igual que la luz está relacionada con el ojo, el tono con el oído. A nadie se le ocurre pensar en el color como algo que se estampa en el ojo, permaneciendo allí como si se adhiriera al ojo. Pero con respecto a la mente, esta es la concepción predominante. Se supone que un pensamiento de cada cosa se forma en la conciencia y queda, para ser atraído en caso de necesidad. Una teoría peculiar se ha basado en este punto de vista como si esos pensamientos de los que estamos inconscientes en cualquier momento estuvieran realmente preservados en nuestras mentes, pero estuvieran por debajo del umbral de la conciencia.

Estas extrañas opiniones se disuelven en nada en el momento en que reflexionamos que el mundo ideal es autodeterminado. ¿Qué tiene que ver este contenido auto determinativo con la multiplicidad de conciencias? ¡No se supondrá que este contenido se determina a sí mismo en una multiplicidad indeterminada que un contenido fraccionario es siempre independiente de otro! La cosa está perfectamente clara. El contenido del pensamiento es de tal naturaleza que simplemente requiere un órgano mental para su manifestación, pero que el número de seres que poseen tal órgano es una cuestión de indiferencia. Por lo tanto, un número indefinido de seres dotados de mentes pueden ser confrontados por el único contenido de pensamiento. Es decir, el pensamiento como órgano de aprehensión, percibe el contenido de pensamiento del mundo. Sólo hay un único contenido de pensamiento del mundo. Nuestra conciencia no es la capacidad de producir pensamientos y almacenarlos, como generalmente se supone, sino la capacidad de percibir pensamientos (ideas). Goethe expresó esto sorprendentemente en las siguientes palabras: "La Idea es eterna y única; El hecho de que usemos el plural es lamentable. Todas las cosas de las que nos damos cuenta y de las que podemos hablar son sólo manifestaciones de la Idea; pronunciamos conceptos, y en esa medida la Idea misma es un concepto".

Habitando en dos mundos, el mundo de los sentidos y el mundo de los pensamientos, el uno presionando desde abajo y el otro brillando desde arriba, el hombre se hace dueño del conocimiento, por lo que une a los dos en una unidad indivisa. Por un lado, la forma externa nos llama; del otro lado, el ser interior; Debemos unir los dos en uno. Aquí nuestra teoría del conocimiento se ha elevado por encima de aquellos puntos de vista generalmente adoptados por investigaciones similares, que nunca van más allá de las meras fórmulas. Desde esos puntos de vista se dice que el conocimiento es la elaboración de la experiencia, sin especificar lo que se elabora en experiencia; La materia se define diciendo que en la cognición la percepción fluye hacia el pensamiento, o bien, el pensamiento, en virtud de una cierta compulsión interna, avanza desde la experiencia hasta la entidad real que está detrás de la experiencia. Pero estas son las fórmulas más simples. Una ciencia del conocimiento que busca comprender la cognición en su papel de importancia mundial debe, en primer lugar, postular el objetivo ideal de la cognición. Este objetivo es dar una solución a la experiencia no concluyente revelando su núcleo central. Tal teoría debe, en segundo lugar, determinar qué es este núcleo central, considerado en cuanto a su contenido. Es pensamiento, Idea. En tercer y último lugar, debe mostrar cómo se logra este descubrimiento del núcleo. Nuestro capítulo sobre *Pensamiento y Percepción* explica esto. Nuestra teoría del conocimiento lleva a la conclusión positiva de que el pensamiento es la naturaleza esencial del mundo, y el pensamiento humano individual es la única forma fenomenal de esta naturaleza esencial. Una teoría meramente formal del conocimiento no puede hacer esto, sino que permanece estéril para siempre. No posee ninguna opinión en cuanto a la relación entre lo que alcanza el conocimiento y la naturaleza y el tejido del mundo. Y, sin embargo, es precisamente en la teoría del conocimiento donde se debe encontrar esta relación. Esta ciencia debe mostrarnos a dónde llegamos por medio de la cognición; hasta qué punto nos lleva cualquier otra forma de conocimiento.

No de otra manera que por medio de una teoría del conocimiento se llega a la opinión de que el pensamiento es el núcleo central del mundo. Porque esta ciencia nos muestra la conexión entre el pensamiento y el resto de la realidad. Pero, ¿a través de qué otros medios aprenderemos en referencia al pensamiento cuál es su relación con la experiencia, a menos que sea a través de esa ciencia que toma como objeto mismo de su investigación sólo esta relación? Además, ¿cómo deberíamos saber con respecto a cierta entidad espiritual o sensible que es la fuerza primordial del mundo si no investigamos su relación con la realidad? Si, por lo tanto, tenemos que hacer de alguna manera con una investigación sobre la naturaleza esencial de una cosa, este descubrimiento siempre consistirá en un retorno al contenido ideal del mundo. La esfera de este contenido no debe ser transgredida si queremos permanecer dentro de caracterizaciones claras y no deseamos andar a tientas en lo indeterminado. El pensamiento es una totalidad dentro de sí mismo, suficiente para sí mismo, que no puede pasar más allá de sí mismo sin entrar en un vacío. En otras palabras, no debe, en un esfuerzo por explicar nada en absoluto, recurrir a cosas que no se encuentran dentro de sí mismo. Una cosa que no pudiera ser comprendida dentro del pensamiento sería una no-cosa.

Todo finalmente se resuelve en el pensamiento; Todo finalmente encuentra su lugar dentro del pensamiento.

Expresado en referencia a nuestra conciencia individual, esto significa que, para establecer algo científicamente, debemos limitarnos rígidamente a lo que se nos da en la conciencia; Más allá de esto no podemos ir. Cuando alguien percibe claramente que no podemos saltar sobre nuestra propia conciencia sin encontrarnos en lo irreal, pero al mismo tiempo no percibe que la naturaleza esencial de las cosas debe encontrarse dentro de nuestra conciencia en el acto de percibir Ideas, entonces cae en la falacia de hablar de las limitaciones del conocimiento humano. Si no podemos ir más allá de nuestra conciencia, y si la naturaleza esencial de la realidad no está dentro de la conciencia, entonces nunca podremos forzar nuestro camino a través de esa realidad en su verdadera naturaleza.

Nuestro pensamiento está ligado al lado opuesto y no sabe nada de un lado de allá.

Pero, según nuestro punto de vista, esta opinión no es más que un pensamiento que se malinterpreta a sí mismo. Una limitación del conocimiento sólo sería posible si la experiencia externa en sí misma nos impusiera la investigación de su propia naturaleza, sólo si determinara la cuestión que debe plantearse en su presencia. Pero no es así. En el pensamiento mismo surge la necesidad de hacer coincidir con la experiencia, tal como percibe esto, la naturaleza esencial de lo que se experimenta. El pensamiento sólo puede tener la tendencia más definida a ver en el resto del mundo su propia conformidad con la ley, pero nunca nada de lo que no tenga la menor información.

Otra falacia también debe ser corregida en este punto. Es aquello que considera que el pensamiento no es suficiente en sí mismo para constituir el mundo; como si algo más (fuerza, voluntad, etc.) debiera sobrevenir para hacer posible el mundo.

Tan pronto, sin embargo, cuando reflexionamos lo suficiente, vemos que todos estos factores realmente equivalen a nada más que abstracciones extraídas del mundo perceptivo, y deben esperar la interpretación del pensamiento. Cada componente del Ser del Mundo que no sea el pensamiento requeriría una forma de aprehensión, de cognición, distinta de la que se produce a través del pensamiento. Estos otros componentes deberíamos tener que alcanzar de otra manera que no sea por medio del pensamiento. Porque pensar sólo produce pensamientos. Pero, tan pronto como nos esforzamos por explicar el papel desempeñado en el tejido del mundo por estos otros componentes, y recurrimos a conceptos para esta explicación, caemos en la autocontradicción. Además, no se nos da una tercera parte además de la percepción sensorial y el pensamiento. Y no podemos considerar ninguna parte del primero como el núcleo del mundo, ya que una inspección más cercana de todos sus componentes muestra que, como tales, no contienen su propia naturaleza esencial. Esto no se puede encontrar en ninguna parte excepto en el pensamiento.

LA COGNICIÓN Y EL FUNDAMENTO ÚLTIMO DE LAS COSAS

Kant dio un gran paso adelante en filosofía al dirigir la atención del hombre hacia sí mismo. Debe buscar las razones de la certeza con respecto a sus afirmaciones en lo que se le da como las capacidades de su propia mente, y no en las verdades que se le imponen desde fuera. La convicción científica sólo a través de uno mismo, ese es el lema de la filosofía kantiana. Es por esta razón especialmente que la llamó una filosofía crítica y no dogmática, tal como mantiene postulados ya hechos tal como se transmitieron y busca después las pruebas de estos. Aquí aparece una contradicción entre dos tendencias científicas; pero esto no fue pensado por Kant con esa distinción a la que se presta.

Fijemos claramente en la mente cómo surge un postulado científico. Une dos cosas: un concepto y un percepto o dos conceptos. De este último tipo, por ejemplo, es el postulado: No hay efecto sin causa. Puede ser que las razones objetivas por las que los dos conceptos fluyen juntos estén más allá de lo que contienen en sí mismos, y que solo, por lo tanto, se me da a mí. Entonces puedo tener todo tipo de razones formales (libertad de contradicción, axiomas fijos) que me lleven a una combinación definida de pensamientos. Pero estas razones no tienen influencia sobre la cosa misma. El postulado descansa sobre algo que nunca puedo alcanzar de manera objetiva. Por lo tanto, nunca puedo tener una visión real de la cosa; Lo sé solo como alguien parado fuera de él. Según este punto de vista, lo que expresa el postulado está en un mundo desconocido para mí; Sólo el postulado está en mi propio mundo. Este es el carácter del dogma. Hay dos tipos de dogmas: el dogma de la revelación y el de la experiencia. El primero transmite al hombre, de una manera u otra, verdades sobre cosas que están más allá del alcance de su visión. No posee ninguna visión del mundo del que surgen estos postulados. Simplemente debe creer en su veracidad, y no puede tener acceso a las razones de esta creencia. El caso es bastante similar con los dogmas de la experiencia. Si alguien sostiene la opinión de que simplemente debemos limitarnos a la experiencia pura y podemos simplemente observar sus transmutaciones sin penetrar en las fuerzas causantes, está aplicando al mundo postulados cuyas razones son inaccesibles para él. Aquí tampoco se alcanza la verdad por la percepción de la agencia interna de la cosa, sino que se impone por lo que es exterior a la cosa misma. Si la ciencia anterior estaba dominada por los dogmas de la revelación, la ciencia contemporánea está sufriendo de los dogmas de la experiencia.

Nuestro estudio nos ha demostrado que cualquier suposición de una fuente fundamental del Ser que existe fuera de la Idea es una tontería. La esencia fundamental total del Ser se ha derramado en el mundo; Ha pasado al mundo. En el pensamiento, se manifiesta en su forma más completa, tal como es, en y por sí mismo. Si, entonces, el pensamiento forma una combinación, si ocurre un juicio, es el contenido del Fundamento-Mundo mismo, vertido en el pensamiento, el que está así unido. En el pensamiento, no se nos dan postulados acerca de un Fundamento-Mundo del lado de otro, pero esto en su propia sustancia ha fluido hacia el pensamiento. Tenemos una visión directa de los fundamentos objetivos, no meramente formales, para la formación de un juicio. El juicio llega a una caracterización, no sobre algo ajeno, sino sobre su propio contenido. Por lo tanto, nuestra visión sienta las bases para un verdadero conocimiento. Nuestra teoría del conocimiento es realmente crítica. Según nuestro punto de vista, no sólo no es necesario conceder nada a la revelación para la cual el pensamiento mismo no contiene razones objetivas, sino que también la experiencia debe ser conocida dentro del pensamiento, no sólo del lado de su manifestación, sino también como causativa. Por medio de nuestro pensamiento, nos elevamos de percibir la realidad como producto a percibirla como aquello que produce.

La naturaleza esencial de una cosa sale a la luz sólo cuando la cosa se pone en relación con el hombre. Porque sólo en el hombre aparece el Ser real para cada cosa. Esta verdad sienta las bases para un relativismo como visión del mundo, es decir, la tendencia del pensamiento que asume que vemos todas las cosas en la luz que les presta el hombre mismo. Este punto de vista lleva el nombre de Antropomorfismo. Tiene muchos exponentes. La mayoría de estos, sin embargo, creen que esta peculiaridad de nuestra cognición nos aleja de la objetividad tal como es en sí misma. Percibimos todo, así lo piensan, a través de los espectáculos de la subjetividad. Nuestra concepción nos muestra exactamente lo contrario de esto. Si queremos alcanzar la naturaleza esencial de las cosas, debemos verlas a través de estos espectáculos. El mundo no es meramente conocido por nosotros tal como aparece, sino que aparece tal como es, aunque sólo para pensar en la contemplación. La forma de realidad que el hombre delinea en su conocimiento es su forma verdadera final.

Y ahora todavía tenemos que extender a los campos individuales de la realidad esa forma de cognición que hemos llegado a reconocer como la forma correcta, como conducente a la realidad en su verdadera naturaleza. Ahora mostraremos cómo la verdadera naturaleza de la experiencia se encuentra en sus formas individuales.

QUINTA PARTE: La ciencia de la naturaleza

NATURALEZA INORGÁNICA

La forma más simple de acción en la Naturaleza nos parece ser aquella en la que un suceso resulta totalmente de factores externos entre sí. Aquí hay una ocurrencia, o una relación entre dos objetos, no necesaria por una entidad que se manifiesta en las formas externas de apariencia, una individualidad que exhibe sus capacidades y carácter en un efecto producido externamente. La ocurrencia o relación ha sido provocada simplemente por el hecho de que una cosa que ha ocurrido, en su ocurrencia, ha producido un cierto efecto sobre otra cosa, ha transferido su propio estado a alguna otra cosa. Los estados de una cosa aparecen como resultados de los de otra. El sistema de acciones que ocurren de esta manera, de modo que un hecho es siempre el resultado de otros de tipo similar, se llama Naturaleza inorgánica.

Aquí el curso de una ocurrencia o la característica de una relación depende de determinantes externos; Los hechos llevan marcas en sí mismos que son el resultado de estos determinantes. Si se altera la forma en que se encuentran estos factores externos, el resultado de su existencia combinada también se altera naturalmente; El fenómeno así provocado se altera.

¿Cuál es, ahora, la manera de esta existencia combinada

en el caso de la Naturaleza inorgánica cuando entra directamente en nuestro campo de observación? Lleva en conjunto el carácter que designamos anteriormente como el de la experiencia inmediata. Tenemos aquí simplemente un caso especial de esa experiencia en general. Tenemos que tratar aquí con conexiones entre hechos de los sentidos. Pero son precisamente estas conexiones las que nos parecen en la experiencia no ser claras ni transparentes. El hecho nos confronta, pero al mismo tiempo también a muchos otros. Cuando echamos un vistazo a la multiplicidad que aquí se nos presenta, estamos en completa incertidumbre en cuanto a cuál de estos otros hechos está más cerca y cuál en relaciones más remotas al hecho a, ahora en discusión. Puede haber algunos presentes de tal tipo que el evento no podría ocurrir sin ellos, y otros que simplemente lo modifican pero sin los cuales podría ocurrir sin embargo, excepto que tendría, bajo las diferentes circunstancias, otra forma.

De esta manera vemos de inmediato el camino que debe tomar la cognición en este campo. Si la combinación de hechos en la experiencia inmediata no nos basta, entonces debemos avanzar hacia otra combinación que satisfaga nuestra necesidad de explicación. Tenemos que crear condiciones tales que un suceso nos aparezca con claridad transparente como el resultado inevitable de estas condiciones.

Recordamos por qué es que el pensamiento contiene su propia naturaleza esencial en la experiencia inmediata. Es porque estamos dentro y no sin ese proceso que crea combinaciones de pensamiento a partir de los elementos de pensamiento individuales. Aquí, por lo tanto, se nos da, no sólo el proceso terminado, el producto, sino lo que produce. Y el punto importante es que, cuando nos enfrentamos a cualquier acontecimiento en el mundo externo, percibiremos sobre todo las fuerzas impulsoras que lo llevan desde el centro de la totalidad-mundo a su periferia. La opacidad u oscuridad de cualquier fenómeno o relación en el mundo de los sentidos sólo puede ser superada cuando percibimos adecuadamente que es el resultado de una cierta asociación de hechos. Debemos saber que la ocurrencia que vemos ahora surge a través de la interacción de este y aquel elemento del mundo sensorial. Entonces la forma de esta interacción debe ser completamente penetrable por nuestro intelecto. La relación en la que se introducen los hechos debe ser una relación ideal, adecuada a nuestras mentes. Por supuesto, en las relaciones a las que las cosas son traídas por nuestro intelecto, se comportan de acuerdo con su propia naturaleza.

Vemos de inmediato lo que se gana de este modo. Si miro al azar en el mundo de los sentidos, veo ocurrencias provocadas por la interacción de tantos factores que es imposible para mí ver directamente lo que realmente está detrás de este efecto como el elemento causal. Observo una ocurrencia y al mismo tiempo los hechos *a, b, c, d.* ¿Cómo sabré de inmediato cuáles de estos hechos participan en mayor y menor medida en la ocurrencia? La cosa se vuelve transparente cuando pregunto por primera vez cuál de los cuatro hechos es absolutamente necesario si el proceso va a ocurrir. Encuentro, por ejemplo, que *a* y *c* son absolutamente necesarias. Entonces encuentro que sin *d* el proceso ocurre, de hecho, pero con modificación importante; y, por el contrario, que *b* no tiene pero podría ser reemplazado por algún otro factor.

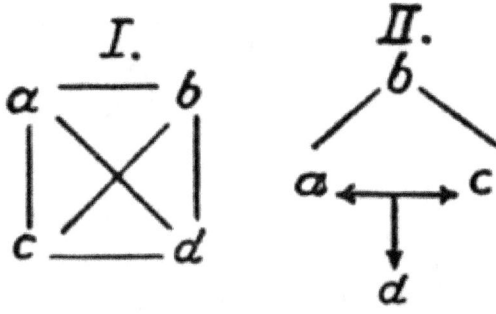

En el diagrama anterior *represento* simbólicamente la agrupación de los elementos para la mera percepción sensorial; II, eso para la mente. Así, la mente agrupa de tal manera los hechos del mundo inorgánico que percibe en un acontecimiento o una condición el resultado de la relación de los hechos. Así, la mente introduce la necesidad en medio del azar.

Dejaremos esto claro con un ejemplo. Cuando tengo

ante mí un triángulo *ABC,* no veo a primera vista que la suma de los tres ángulos sea siempre igual a dos ángulos rectos. Esto queda claro cuando agrupo los hechos de la siguiente manera.

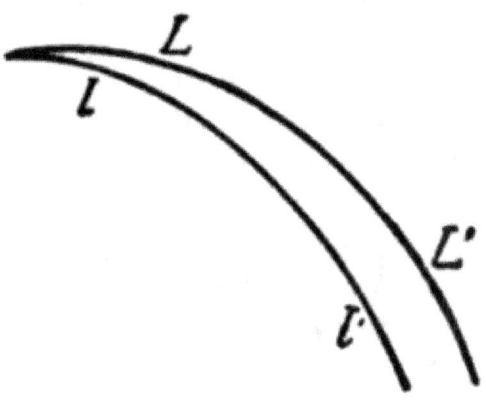

De las figuras al lado del triángulo queda claro de inmediato que el ángulo a' es igual al ángulo *a;* el ángulo b' es igual al ángulo *b. (AB* y *CD* son paralelos a *A'B'* y *C'D'* respectivamente.) Si, ahora, dibujo a través del vértice *C* de un triángulo una línea paralela a la base *AB,* encuentro, cuando aplico el ejemplo anterior, que el ángulo a' es igual al ángulo a; b' es igual *a b.* Dado que, ahora, *c* se iguala a sí mismo, entonces necesariamente los tres ángulos del triángulo equivalen a dos ángulos rectos. Aquí he explicado una combinación complicada de hechos reduciéndola a hechos tan simples que, debido a la condición presentada a la mente, la relación correspondiente se infiere necesariamente de la naturaleza de las cosas dadas.

Otro ejemplo es el siguiente. Tiro una piedra en un dirección horizontal.

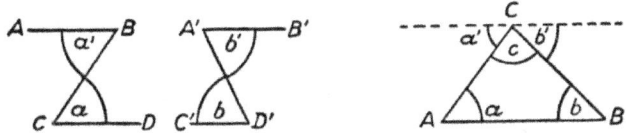

Describe un camino que hemos representado en la línea *ll'*. Cuando considero las fuerzas impulsoras que aquí deben tenerse en cuenta, encuentro: 1. la fuerza propulsora que ejercí; 2. la fuerza con la que la tierra atrae la piedra; 3. La fuerza de la resistencia atmosférica.

Tras un examen más detallado, encuentro que las dos primeras fuerzas son esenciales y determinan el carácter del camino, mientras que la tercera es subsidiaria. Si solo los dos primeros estuvieran presentes, la piedra describiría el camino *LL'*. Esto último lo encuentro cuando ignoro la tercera fuerza y pongo en combinación sólo las dos primeras. Llevar esto a cabo en realidad no es posible ni necesario. No puedo eliminar toda resistencia. Pero para mi propósito sólo necesito aprehender en el pensamiento la naturaleza de las dos primeras fuerzas, y luego llevarlas a la relación necesaria igualmente en el pensamiento, y deduzco el camino *LL'* como el que necesariamente debe resultar cuando sólo estas dos fuerzas interactúan.

De esta manera, la mente resuelve todos los fenómenos del mundo inorgánico en aquellos en los que el efecto le parece a la mente venir directa y necesariamente del factor causal.

Si, entonces, después de llegar a la ley del movimiento de la piedra bajo la influencia de las dos fuerzas, se introduce la tercera fuerza, el resultado es el camino *ll'*. Las condiciones adicionales podrían complicar aún más el asunto. Cada acontecimiento compuesto en el mundo de los sentidos aparece como una red de hechos tan simples, que pueden ser penetrados por la mente; y es reducible a estos.

Ahora, un fenómeno en el que el carácter de la ocurrencia puede verse de manera transparente y clara como resultado directo de la naturaleza de los factores bajo consideración se llama fenómeno primario o hecho fundamental.

Este fenómeno primario es idéntico a la ley natural objetiva. Porque en ella se expresa el hecho, no sólo de que un suceso ocurrió bajo ciertas condiciones definidas, sino que tenía que suceder. Se ha visto claramente que la ocurrencia tuvo que ocurrir debido a la naturaleza misma de la cosa bajo consideración. La razón por la que el empirismo es hoy en día tan generalmente exigido es que se supone que cualquier suposición que vaya más allá de lo que se da empíricamente nos deja a tientas en lo incierto. Vemos que podemos permanecer totalmente dentro de los fenómenos y, sin embargo, encontrarnos con lo inevitable. El método inductivo, hoy tan propugnado, nunca puede hacer esto. En realidad, procede de la siguiente manera. Observa un fenómeno que se produce de manera definida bajo condiciones dadas. Una vez más, ve que el mismo fenómeno ocurre en condiciones similares. De esto concluye que existe una ley general según la cual esta ocurrencia debe tener lugar, y postula esta ley como tal. Tal método permanece completamente externo a los fenómenos. No penetra en las profundidades. Sus leyes son generalizaciones a partir de hechos individuales. Siempre debe esperar el establecimiento de la regla por los hechos individuales. Nuestro método sabe que sus leyes son simplemente hechos que se sacan de la confusión del azar y se convierten en asuntos de necesidad. Sabemos que, cuando los factores a y b están presentes, debe aparecer un efecto definido. No vamos más allá del mundo de los fenómenos. El contenido del conocimiento, tal como lo vemos, no es más que una ocurrencia objetiva. El único cambio es en la forma de la combinación de hechos. Pero este cambio avanza un paso más profundo en la objetividad de lo que la experiencia le permite a uno penetrar. Combinamos los hechos de tal manera que actúan de acuerdo con su propia naturaleza y sólo así, y que este efecto no puede ser modificado por esta o aquella circunstancia.

Concedemos la mayor importancia al hecho de que estas discusiones pueden confirmarse dondequiera que se pueda examinar el funcionamiento real de la ciencia.

Sólo se contradicen con las opiniones falaces que se tienen con respecto al alcance y la naturaleza de los principios científicos. Si bien muchos de nuestros contemporáneos contradicen sus propias teorías cuando entran en el campo de la investigación práctica, la armonía entre nuestra explicación y toda investigación verdadera se puede mostrar fácilmente en cada caso.

Nuestra teoría exige para cada ley natural una forma definida. Presupone una combinación de hechos y sostiene que, cuando esto aparece en cualquier lugar de la realidad, debe ocurrir un hecho definitivo.

Toda ley natural, por lo tanto, tiene esta forma: Cuando este hecho interactúa con eso, surge este fenómeno. Sería fácil demostrar que todas las leyes naturales realmente tienen esta forma: cuando dos cuerpos de temperatura desigual están en contacto, el calor pasa del más cálido al menos cálido hasta que la temperatura de los dos es la misma. Si un fluido está contenido en dos recipientes que están conectados, el nivel se vuelve idéntico en los dos vasos. Si un cuerpo se interpone entre una fuente de luz y otro cuerpo, proyecta una sombra sobre este último. En matemáticas, física y mecánica, cualquier cosa que no sea mera descripción debe ser un fenómeno primario.

Todo avance en el conocimiento se basa en la percepción de fenómenos primarios. Cuando somos capaces de eliminar una ocurrencia de su conexión con otras ocurrencias y explicarla como el efecto de elementos definidos de la experiencia, entonces hemos penetrado un paso más profundo en el tejido del mundo.

Hemos visto que el fenómeno primario se rinde totalmente al pensamiento cuando los factores en cuestión se reúnen en el pensamiento de acuerdo con su naturaleza. Pero también se pueden crear artificialmente las condiciones necesarias. Esto sucede en la investigación científica. Ahí tenemos bajo nuestro propio control la ocurrencia de factores definidos. Naturalmente, no podemos ignorar todas las circunstancias relacionadas. Sin embargo, hay una manera por la cual podemos superar esto último. Podemos producir un fenómeno bajo varias modificaciones. Permitimos que primero una y luego otra circunstancia contribuyente estén activas. Entonces encontramos que una constante persiste a través de todas estas modificaciones. Debemos retener lo esencial en todas las combinaciones. Encontramos que en todas estas experiencias individuales un componente fáctico de éstas es constante. Esta es una experiencia superior dentro de la experiencia. Es el hecho fundamental, o fenómeno primario.

El experimento tiene la intención de convencernos de que nada más influye en una ocurrencia definida, excepto lo que tenemos en cuenta. Reunimos ciertas condiciones cuya naturaleza conocemos y observamos lo que se desprende de ellas. Aquí tenemos un fenómeno objetivo sobre la base de la creación subjetiva. Tenemos algo objetivo que es al mismo tiempo completamente subjetivo. El experimento es, por lo tanto, el verdadero mediador entre sujeto y objeto en la ciencia inorgánica.

El germen de la visión que hemos desarrollado aquí se encuentra en la correspondencia entre Goethe y Schiller. Las cartas 410 y 413 de Goethe y las 412 y 414 de Schiller se refieren a esto. Designan este método como empirismo racional, porque no toma como contenido para el conocimiento nada más que ocurrencias objetivas, pero estas ocurrencias objetivas se mantienen unidas por una red de conceptos (leyes) que nuestras mentes descubren en ellas. Ocurrencias sensibles en una interconexión que solo el pensamiento puede captar: esto es empirismo racional. Si estas cartas se comparan con el ensayo de Goethe *Der Versuch als Vermittler von Subjekt and Object*, se encontrará que la teoría dada anteriormente es la conclusión lógica que se puede extraer de ellas.

Así, la relación general que hemos definido entre experiencia y conocimiento es válida en todas partes en la Naturaleza inorgánica. La experiencia ordinaria es sólo la mitad de la realidad. Para los sentidos sólo esta mitad existe. La otra mitad está presente sólo a las capacidades conceptuales de nuestras mentes. La mente eleva la experiencia de una "apariencia para los sentidos" a algo que pertenece a sí misma. Hemos mostrado cómo es posible en este ámbito elevarse del producto a la producción. Es la mente la que encuentra esto último cuando se enfrenta al primero.

La satisfacción científica vendrá a nosotros desde un punto de vista sólo cuando nos lleve a una totalidad completa en sí misma. Pero el mundo sensorial como inorgánico no aparece en ningún momento como llevado a una conclusión; En ninguna parte aparece un todo individual. Cada ocurrencia apunta a otra de la que depende; esto a un tercio; etc. ¿Dónde hay alguna conclusión en esto? El mundo sensorial como inorgánico no llega a la individualidad. Sólo en su totalidad es completa en sí misma. Debemos esforzarnos, por lo tanto, si queremos tener un todo, para concebir el ensamblaje de lo inorgánico como un sistema. Tal sistema es el cosmos.

Una comprensión profunda del cosmos es el objetivo y el ideal de las ciencias naturales inorgánicas. Todo esfuerzo científico que no alcance esto es meramente preparatorio: un miembro del todo, pero no del todo mismo.

NATURALEZA ORGÁNICA

Durante mucho tiempo, la ciencia se detuvo en presencia de lo orgánico. Sus métodos no se consideraban adecuados para comprender la vida y sus manifestaciones. De hecho, se creía que toda conformidad con la ley tal como es efectiva en la naturaleza inorgánica aquí deja de existir. Lo que se admitió con referencia al mundo inorgánico —que un fenómeno es inteligible para nosotros cuando conocemos sus condiciones previas naturales— fue aquí simplemente negado. Se suponía que el organismo había sido diseñado a propósito por el Creador de acuerdo con un plan determinado. Se suponía que cada órgano tenía su función predestinada; Todas las preguntas aquí podrían dirigirse solo al descubrimiento de cuál es el propósito de este o aquel órgano; para qué fin esto o aquello está presente. Mientras que, en el mundo inorgánico, uno prestaba atención a las condiciones previas de una cosa, esto se consideraba bastante inútil para los hechos de la vida, y se le daba importancia primordial al propósito de una cosa. Del mismo modo, con respecto a los procesos que acompañan a la vida, la pregunta formulada no se refería tanto a las causas naturales, como en el caso de los fenómenos físicos, sino que se suponía que estos procesos eran atribuibles a una fuerza vital especial. Se suponía que lo que se formaba en el organismo era un producto de esta fuerza, que simplemente tomaba una posición por encima de otras leyes naturales. En resumen, hasta principios del siglo XIX, la ciencia no sabía cómo tratar con los organismos. Estaba restringido a la esfera de lo inorgánico.

Al buscar así las leyes que gobiernan el organismo, no en la naturaleza de los objetos, sino en el pensamiento que el Creador siguió al formarlos, los hombres fueron cortados de cualquier posibilidad de explicación. ¿Cómo se me da a conocer ese pensamiento P Estoy limitado a lo que tengo ante mí. Si esta cosa en sí misma no pone al descubierto sus leyes dentro de mis pensamientos, entonces mi conocimiento cesa. No podemos discutir en un sentido científico la adivinación de un plan sostenido por un Ser fuera de la cosa misma.

A finales del siglo XVIII, el punto de vista que prevalecía casi universalmente era que no hay ciencia que interprete los fenómenos de la vida en el sentido en que, por ejemplo, la física es una ciencia interpretativa. De hecho, Kant trató de dar una base filosófica para esta opinión. Consideraba que nuestro intelecto era de tal naturaleza que sólo podía proceder de lo particular a lo general. Los detalles, las cosas individuales, se dan al intelecto, pensó, y de ellas se abstraen sus leyes generales. Esta forma de pensar Kant la llamó discursiva, y la consideró la única forma que pertenecía al hombre. Por lo tanto, según su opinión, no podría haber ninguna ciencia excepto en lo que respecta a aquellas cosas en las que lo particular, de y para sí mismo, está completamente vacío de un concepto, y sólo está subsumido bajo un concepto abstracto. En el caso de los organismos, Kant no encontró cumplida esta condición. Aquí el organismo único traiciona un arreglo intencional, es decir, conceptual. El particular tiene rastros del concepto en sí mismo. Pero, según el filósofo de Königsberg, carecemos totalmente de capacidad para captar tal entidad. Sólo podemos entender aquello en lo que concepto y una sola cosa están separados, donde una representa lo general, la otra lo particular. No nos queda entonces nada más que hacer de la idea de propósito la base de nuestras observaciones de los organismos: tratar con la criatura como si un sistema de propósitos estuviera en la base de sus fenómenos. Así, Kant estableció aquí lo no científico científicamente, por así decirlo.

Contra tal procedimiento no científico, Goethe protestó enérgicamente. Nunca pudo ver por qué nuestros pensamientos no están también calificados para preguntar con respecto al órgano de una criatura: "¿De dónde viene?" en lugar de "¿Para qué sirve?" Esto estaba de acuerdo con su naturaleza, que siempre lo impulsó a mirar dentro de cada entidad en su integridad interior. Le parecía una forma no científica de observación preocuparse sólo por el propósito externo de un órgano, es decir, su utilidad para otra cosa. ¿Qué podría tener esto que ver con la naturaleza esencial interna de una cosa? Por lo tanto, nunca le concierne saber para qué sirve una cosa, sino siempre saber cómo evoluciona.

Deseaba observar un objeto, no como una cosa completa, sino en su devenir, para poder conocer su origen primario. Se sintió especialmente atraído por Spinoza porque este último no daba prominencia al propósito externo de los órganos y organismos. Goethe exigió para el conocimiento del mundo orgánico un método que sea completamente científico en el sentido en que ese método es científico y que aplicamos al mundo inorgánico.

No con tanto genio como en Goethe, pero sin embargo, insistentemente, apareció el anhelo una y otra vez por tal método en las ciencias naturales. Hoy en día sólo una pequeña parte de los científicos duda de su posibilidad. Pero si los intentos que se están haciendo aquí y allá para introducir tal método han tenido éxito o no, esta es naturalmente otra cuestión.

En primer lugar, se ha cometido un gran error en este asunto. Se ha supuesto que los métodos de la ciencia inorgánica deberían simplemente transferirse a lo orgánico. Los métodos aplicados en el primer campo han sido considerados simplemente como los únicos métodos científicos posibles, y se ha pensado que, si una ciencia de "orgánicos" es posible, debe serlo en el mismo sentido que la física. Pero se ha ignorado la posibilidad de que el concepto de la naturaleza de la ciencia podría ser mucho más amplio que la definición de "interpretación del universo de acuerdo con las leyes del mundo físico". Incluso hoy en día los hombres no han llegado a reconocer esta verdad. En lugar de tratar de aprender lo que constituye el carácter científico de las ciencias inorgánicas, y luego buscar un método que pueda aplicarse al mundo viviente sin sacrificar los requisitos resultantes de esta investigación, las leyes descubiertas en esas etapas inferiores de la existencia simplemente se postulan como universales.

Pero la investigación debe ser, en primer lugar, sobre la base sobre la que descansa el pensamiento científico. En nuestro tratamiento hemos seguido este principio. En el capítulo anterior también hemos aprendido que la conformidad con la ley que caracteriza a lo inorgánico no es algo aislado, sino un ejemplo especial de todas las conformidades posibles a la ley. El método de la física es simplemente un ejemplo especial de un método científico general de investigación en el que se considera la naturaleza del objeto bajo examen y el campo servido por esta ciencia. Si este método se extiende a lo orgánico, entonces se borra el carácter específico de este último. En lugar de investigar lo orgánico de acuerdo con su naturaleza, le imponemos una ley ajena a él. Pero mientras neguemos lo orgánico, nunca llegaremos a conocerlo. Tal comportamiento científico simplemente repite en un plano superior lo que ha ganado en un plano inferior; Y, aunque espera traer la forma superior de existencia bajo estas leyes prefabricadas aplicables en otros lugares, esta forma superior elude los esfuerzos del investigador, ya que no sabe cómo aferrarse a ella y manejarla de acuerdo con sus propias características.

Todo esto proviene de la opinión falaz de que el método

de una ciencia es algo externo a los objetos de esa ciencia, prescritos no por su naturaleza sino por la nuestra. Se supone que debemos pensar en los objetos de cierta manera, y de hecho en todos, en todo el universo, de la misma manera. Se llevan a cabo investigaciones que pretenden demostrar que, debido a la naturaleza de nuestras mentes, podemos pensar sólo inductivamente, sólo deductivamente, etc.

Pero en todo esto se pasa por alto el hecho de que los objetos tal vez se nieguen a ceder a los métodos de observación que reivindicaríamos sobre ellos.

Que la acusación que hacemos contra la ciencia natural orgánica de nuestro tiempo está plenamente justificada, es decir, que se traslada a la Naturaleza orgánica, no al principio científico en general, sino al de la Naturaleza inorgánica, es evidente si echamos un vistazo a las opiniones de los teóricos científicos contemporáneos más distinguidos: Haeckel.

Cuando requiere de todo esfuerzo científico que "la interconexión causal de todos los fenómenos se haga evidente" – cuando dice: "Si la mecánica psíquica no fuera tan infinitamente complicada, si estuviéramos en posición de examinar completamente la evolución histórica de las funciones psíquicas también, deberíamos ser capaces de reducirlas todas a una fórmula matemática del alma" – está claro lo que desea hacer: tratar con el mundo entero de acuerdo con el patrón estereotipado de las ciencias físicas.

Pero este requisito es fundamental también en el darwinismo, no en su forma original, sino en su interpretación contemporánea. Hemos visto que la explicación de un suceso en la Naturaleza inorgánica significa mostrar su derivación según la ley de otras realidades sensibles, deducirla de otros objetos que pertenecen como ella al mundo de los sentidos. Pero, ¿cómo aplica la ciencia contemporánea de los "orgánicos" los principios de adaptación y supervivencia del más apto? — ninguno de los cuales será cuestionado por nosotros como expresión de un complejo de hechos. Se supone que el carácter de una determinada especie se puede deducir de las condiciones externas bajo las cuales ha existido, al igual que podemos derivar el calentamiento de un cuerpo del rayo de sol que cae sobre él. Se pasa por alto por completo que este carácter, de acuerdo con sus caracterizaciones contencionales, nunca puede derivarse como resultado de estas condiciones. Las condiciones pueden tener una influencia definida, pero no son una causa creativa. Estamos totalmente seguros al afirmar que una especie debe evolucionar bajo la influencia de este o aquel conjunto de hechos para desarrollar este o aquel órgano de una manera especial; Pero lo esencial (*inhaltliche*), lo específico-orgánico, no debe deducirse de las condiciones externas. Supongamos que una entidad orgánica tuviera las características esenciales *abc* y luego evolucionara bajo influencias definidas de modo que sus características han asumido la forma particular *a'b'c'*. Cuando tomamos en cuenta esta influencia, entenderemos que a ha evolucionado en la forma *a*'; b en *b'*; c en *c*. Pero la naturaleza específica de *abc* nunca puede derivarse de influencias externas.

Antes que nada, debemos dirigir nuestro pensamiento a esta pregunta: ¿De dónde derivamos el contenido de la clase general de la cual consideramos que la entidad orgánica única es un caso particular? Sabemos perfectamente que la especialización se debe a las influencias externas, pero la forma especializada en sí misma debemos derivarla de un principio interno. El hecho de que esta forma especializada en sí misma haya evolucionado lo podemos explicar cuando estudiamos el entorno de la entidad. Sin embargo, esta forma especial es, sin embargo, algo en sí mismo; Lo encontramos poseedor de ciertas características. Vemos cuál es la cuestión esencial. Entra en relación con el mundo fenoménico externo un cierto contenido autoformado que nos proporciona lo que necesitamos para deducir estas características. En la Naturaleza inorgánica nos damos cuenta de un cierto hecho y buscamos un segundo hecho y un tercero para explicarlo; Y el resultado de la investigación es que la primera nos parece la consecuencia inevitable de la segunda. En el mundo orgánico este no es el caso. Aquí necesitamos otro factor además de los hechos. Debemos concebir a un nivel más profundo que las influencias de las condiciones externas algo que no se deja determinar pasivamente por estas condiciones, sino que se determina activamente bajo su influencia.

Pero ¿cuál es este elemento fundamental? No puede ser

otra cosa que lo que aparece en lo particular en la forma de lo general. Pero lo que siempre aparece en lo particular es un organismo definido. Ese elemento básico es, por lo tanto, un organismo en la forma de lo general: una forma general del organismo que incluye dentro de sí todas las formas particulares.

Llamaremos a este organismo general, según el precedente de Goethe, el tipo. Cualquiera que sea el significado de la palabra *tipo* según su etimología, la usamos en este sentido pretendido por Goethe y no entendemos por ella nada más que lo que se expresa. Este tipo no se elabora en su totalidad en un solo organismo. Sólo nuestro pensamiento racionalizador es capaz de captar esto abstrayéndolo como una imagen general de lo fenoménico. El tipo es, por lo tanto, la Idea del organismo; la animalidad en el animal, la planta general en las plantas específicas.

Bajo este *tipo de término* no debemos imaginar nada fijo. No tiene absolutamente nada que ver con lo que Agassiz, el adversario más notable de Darwin llamó "una idea creativa encarnada de Dios". El tipo es algo completamente "fluídico" del cual se pueden derivar todas las especies y familias separadas, que podemos considerar subtipos, tipos especializados. El tipo no excluye la teoría de la descendencia. No contradice el hecho de que las formas orgánicas evolucionan unas a partir de otras. Es sólo la protesta racional contra la idea de que la evolución orgánica procede meramente en las formas objetivas (perceptibles por los sentidos) que aparecen sucesivamente. Es lo que es básico en toda esta evolución. Es el tipo que establece la interconexión en medio de toda la multiplicidad infinita. Es el aspecto interno de lo que experimentamos como las formas externas de las criaturas vivientes. La teoría darwiniana presupone el tipo.

El tipo es el verdadero organismo primario; ya sea planta o animal primitivos según se especialice idealmente. No puede ser una sola entidad viviente sensiblemente real. Lo que Haeckel u otros naturalistas consideran como la forma primordial es una forma ya especializada: la forma más simple del tipo. El hecho de que aparezca por primera vez en la secuencia temporal en la forma más simple no hace necesario que las formas que aparecen más tarde en el tiempo sean el resultado de las formas cronológicamente anteriores. Todas las formas son los resultados del tipo; La primera e igualmente la última son manifestaciones del tipo. Es este tipo el que debemos tomar como base para un verdadero orgánico, no comprometernos simplemente a deducir las especies individuales de animales y plantas una de otra. Como una línea roja, el tipo se manifiesta a través de todas las etapas evolutivas del mundo orgánico. Debemos comprenderlo firmemente y luego seguirlo en su curso a través de todo este gran reino multiforme. Entonces esto se vuelve inteligible. De lo contrario, como todo el resto del mundo de la experiencia, se desintegra en una masa de unidades no relacionadas. De hecho, incluso cuando creemos que hemos reducido las formas posteriores, más complejas y compuestas a la forma más simple anterior, y que en la última tenemos un original, simplemente nos engañamos a nosotros mismos; porque simplemente hemos derivado una forma especializada de otra.

Friedrich Theodor Vischer expresó una vez la opinión con respecto a la teoría darwiniana de que haría necesaria una revisión de nuestro concepto del tiempo. Aquí hemos llegado a un punto que nos pone de manifiesto en qué sentido tendría que ocurrir tal revisión. Tendría que demostrar que deducir un más tarde de un anterior no es una explicación; que el primero en el tiempo no es el primero en principio. Toda derivación debe ser de lo que constituye el principio, y a lo sumo sería necesario mostrar qué factores fueron efectivos para lograr que un tipo de entidad evolucionara en el tiempo antes que otra.

El tipo juega en el mundo orgánico el mismo papel que el de la ley natural en el inorgánico. Como este último nos da la posibilidad de reconocer cada ocurrencia individual como un miembro de un todo mayor, así el tipo nos pone en posición de considerar el organismo individual como una forma particular de la forma primordial.

Ya hemos señalado que el tipo no es una forma conceptual cristalizada circunscrita, sino que es fluida: que puede asumir las formaciones más múltiples. El número de estas formaciones es ilimitado, porque aquello por el cual la forma primaria se convierte en una sola forma especializada no tiene para la forma primordial ningún significado. El caso es como el de una ley natural que controla innumerables manifestaciones únicas, porque los determinantes especiales que aparecen en los casos individuales no tienen nada que ver con la ley natural.

Pero estamos tratando con algo esencialmente diferente a la naturaleza inorgánica. Allí nuestra tarea es mostrar que un cierto hecho sensible puede aparecer así y no de otra manera debido a la existencia de esta o aquella ley natural. Ese hecho y esa ley se enfrentan como dos factores separados, y no se requiere otro trabajo mental que el de que, cuando contemplamos un hecho, recordaremos la ley que es determinante. En el caso de una entidad viviente y sus manifestaciones, el caso es diferente. Allí nuestra tarea debe ser evolucionar la forma única que nos encuentra en la experiencia directa del tipo, que debemos haber aprehendido. Debemos realizar un proceso mental de un tipo completamente diferente. No debemos simplemente poner el tipo como algo terminado, como una ley natural, contra la manifestación única.

Que cada cuerpo, a menos que se lo impida alguna circunstancia acompañante, caiga a la tierra de tal manera que las distancias recorridas en sucesivos intervalos de tiempo estén en la proporción 1:3:5:7, etc., es una ley definida fijada de una vez por todas. Este es un fenómeno primario que aparece cada vez que dos masas (la tierra y los cuerpos sobre ella) entran en relación recíproca. Si, ahora, un caso más especial entra en el campo de nuestra observación en el que esta ley es aplicable, sólo necesitamos traer los hechos sensiblemente observables a esa relación que nos da la ley, y la encontraremos confirmada. Rastreamos el caso único hasta la ley. La ley natural expresa la interrelación de los hechos separados del mundo de los sentidos; Pero sigue existiendo y confrontando los hechos individuales. En el caso del tipo debemos evolucionar fuera de la forma primordial cada instancia especializada que nos encuentra. No debemos confrontar las formas individuales con el tipo para ver cómo el segundo gobierna el primero; Debemos hacer que el primero salga del segundo. La ley natural gobierna una manifestación como algo que está por encima de esto; El tipo fluye hacia la entidad viviente única, se identifica con esta.

Por lo tanto, una ciencia de los compuestos orgánicos que se propone ser científica en el sentido en que la física o la mecánica es científica debe mostrar el tipo como la forma más universal y luego en varias formas separadas ideales. La mecánica también es una agrupación de varias leyes naturales en las que los requisitos de la realidad se presuponen teóricamente en todas partes. Lo mismo debe ser cierto en los productos orgánicos. Aquí también, si queremos tener una ciencia racional, debemos presuponer formas hipotéticamente determinadas en las que el tipo toma forma. Uno debe entonces mostrar cómo estas formas hipotéticas siempre pueden reducirse a una forma definida que yace ante nuestros ojos.

Así como trazamos un fenómeno en lo inorgánico a una ley, así aquí evolucionamos una forma específica de la forma primaria. La ciencia orgánica no surge a través de la comparación externa de especial y general, sino a través de la evolución de la primera a partir de la segunda.

Como la mecánica es un sistema de leyes naturales, los compuestos orgánicos deben ser una sucesión de formas evolucionadas a partir del tipo; Sólo que en el primer caso reunimos las leyes únicas y las organizamos en un todo, mientras que aquí debemos hacer que las formas únicas procedan en flujo vivo una de otra.

Aquí se puede plantear una objeción. Si la forma típica es algo completamente fluido, ¿cómo es posible establecer una cadena de tipos especiales en una serie como el contenido de un orgánico? Bien puede imaginarse que, en cada caso especial observado, una forma particular del tipo debe ser reconocida, y sin embargo, no podemos simplemente reunir tales casos realmente observados en nombre de la ciencia.

Pero podemos hacer otra cosa. Podemos permitir que el tipo siga su curso a través de la serie de posibilidades y luego fijar (hipotéticamente) en cada caso esta o aquella forma. De esta manera llegamos a una serie de formas deducidas por el pensamiento del tipo, como el contenido de un orgánico racional.

Es posible un orgánico que será científico en el sentido más estricto al igual que la mecánica es científica. Solo el método es diferente. El método de la mecánica es el de la prueba. Cada prueba se basa en una cierta regla. Siempre existe una presuposición definida (es decir, se dan requisitos previos accesibles a la experiencia) y luego determinamos qué ocurre cuando estas presuposiciones se realizan. Entonces comprendemos un solo fenómeno bajo la ley básica. Pensamos así: — En estas condiciones, el fenómeno ocurre; Las condiciones están presentes y, por lo tanto, el fenómeno debe ocurrir. Este es el proceso de pensamiento que empleamos para explicar una ocurrencia del mundo inorgánico cuando nos encontramos con él. Este es el método de prueba. Es científico porque impregna completamente una ocurrencia con el concepto; Porque provoca una coincidencia de experiencia y pensamiento.

A través de este método de prueba, sin embargo, no podemos avanzar en la ciencia de lo orgánico. El tipo no requiere que, bajo ciertas condiciones, ocurra un fenómeno definido; No fija nada con respecto a una relación de elementos mutuamente ajenos que se enfrentan entre sí. Determina sólo la conformidad con la ley de sus propias partes. No apunta más allá de sí mismo como una ley natural. Las formas orgánicas particulares sólo pueden evolucionar a partir de la forma de tipo universal, y cada entidad orgánica que aparece en la experiencia debe coincidir con alguna de estas formas derivadas del tipo. Aquí el método evolutivo debe reemplazar el método de prueba. Aquí no debe establecerse que las condiciones externas actúen unas sobre otras de esta manera y por esa razón produzcan un resultado definido, sino que se ha desarrollado una forma especial bajo condiciones externas definidas fuera del tipo. Esta es la diferencia radical entre la ciencia inorgánica y la orgánica. Esta distinción no se hace básica en ningún otro método de investigación tan consistentemente como en el de Goethe. Nadie más reconoció como Goethe que un orgánico debe ser posible aparte de todo misticismo vago, sin teleología, sin la asunción de pensamientos creativos especiales. Pero nadie más ha rechazado definitivamente la demanda de aplicar a este campo los métodos de la ciencia inorgánica.

El tipo, como hemos visto, es una forma científica más completa que el fenómeno primario. Además, presupone una actividad más intensa de nuestras mentes que la requerida por el otro. Al reflexionar sobre las cosas de naturaleza inorgánica, nuestra percepción sensorial nos proporciona el contenido. Aquí es nuestra organización sensorial la que nos produce lo que, en el caso de lo orgánico, nos aferramos sólo por medio de nuestras mentes. Para tomar conciencia de la dulzura, la acidez, la calidez, la luz, el color, etc., uno solo necesita sentidos saludables. Allí tenemos que descubrir por medio del pensamiento sólo la forma de la sustancia.

Pero, en el tipo, el contenido y la forma están íntimamente unidos entre sí. Por lo tanto, el tipo no determina el contenido de una manera meramente formal como lo hace la ley, sino que lo impregna vitalmente desde adentro hacia afuera como propio. La tarea que se requiere de nuestra mente es participar productivamente en la creación del elemento de contención mientras se trata de lo formal.

Un modo de pensar en el que lo formal y lo contencioso aparecen en conexión directa siempre se ha llamado intuitivo.

La intuición aparece repetidamente como un principio científico. El filósofo inglés Reidt clasifica como intuición el acto de crear una convicción del ser real de los fenómenos externos directamente a partir de nuestra percepción de los fenómenos (impresiones sensoriales). Jacobi pensó que en nuestro sentimiento de Dios se nos da, no sólo este sentimiento, sino la garantía de que Dios es. Este juicio también se llama intuitivo. La característica de la intuición, como vemos, es que se debe dar más en el contenido que esto mismo; que uno conoce una caracterización del pensamiento, sin pruebas, simplemente a través de la convicción directa. No se considera necesario probar caracterizaciones mentales como la de la existencia, etc. del material de la percepción, pero se cree que los poseemos en unidad inseparable con el contenido.

Pero, en el caso del tipo, esto es realmente cierto. Por lo

tanto, no puede proporcionar ningún medio de prueba, sino que simplemente sugiere la posibilidad de evolucionar cada forma especial fuera del tipo. Por esta razón, la mente debe trabajar con mucha mayor intensidad en la comprensión del tipo que en la comprensión de la ley natural. Debe crear el contenido con el formulario. Debe asumir una actividad que es la función de los sentidos en la ciencia inorgánica y que llamamos percepción (*Anschauung*). La mente misma, por lo tanto, debe ser perceptiva en este plano superior. Nuestro poder de juicio debe percibir en el pensamiento y pensar en la percepción. Aquí tenemos que ver con un poder perceptivo del pensamiento, como fue explicado por primera vez por Goethe. [12] Goethe señaló así como una forma necesaria de aprehensión en la mente humana lo que Kant deseaba demostrar que era completamente inalcanzable para el hombre debido a la naturaleza de toda su dotación.

Así como el tipo en la naturaleza orgánica reemplaza la ley natural (el fenómeno primario) en lo inorgánico, así la intuición (poder perceptivo del pensamiento) reemplaza el poder del juicio a través de la prueba (juicio reflexivo). Como se ha supuesto que las mismas leyes pueden aplicarse a la naturaleza orgánica que son determinantes en una etapa inferior del conocimiento, así se ha supuesto que los mismos métodos son válidos aquí que allá. Ambas suposiciones son falaces.

La intuición a menudo ha sido tratada con escaso respeto en la ciencia. Se ha considerado un defecto en la mente de Goethe que esperaba alcanzar verdades científicas por medio de la intuición. Lo que se logra por medio de la intuición es considerado por muchas personas como muy importante, sin duda, cuando esto tiene que ver con un descubrimiento científico. Allí, se dice, una idea casual a menudo lleva a uno más allá del pensamiento metódico y entrenado. Porque generalmente se dice que es una intuición cuando uno ha golpeado por casualidad algo que es verdadero, pero cuya verdad es descubierta por los investigadores solo de una manera indirecta. Sin embargo, siempre se niega que la intuición misma pueda ser un principio de la ciencia. Cualquier oportunidad de intuición debe ser probada después, así se piensa, si ha de tener valor científico.

Por lo tanto, los logros científicos de Goethe también han sido considerados como ideas brillantes que solo más tarde han alcanzado la confirmación por los métodos rígidos de la ciencia.

Para la ciencia orgánica, sin embargo, la intuición es el método correcto. Se hace bastante claro, creemos, a partir de nuestra exposición que la mente de Goethe, sólo porque era fundamentalmente intuitiva, encontró el camino correcto en los orgánicos. El método propio de los orgánicos armonizaba con la constitución de su mente. Por esta razón, se hizo aún más claro para él hasta qué punto los orgánicos difieren de la ciencia inorgánica. Uno se hizo claro para él en relación con el otro. Por esta razón esbozó con líneas nítidas la naturaleza esencial también de lo inorgánico.

El ligero valor atribuido a la intuición se debe en gran medida al hecho de que sus logros no se supone que merezcan ese grado de confianza que se deposita en el logro del conocimiento a través de la prueba. A menudo sólo lo que ha sido probado se llama conocimiento; Todo lo demás se llama creencia.

Debe tenerse en cuenta que la intuición posee un significado para la actitud científica representada por el presente escritor (basado en la convicción de que en el pensamiento captamos en su propia esencia el núcleo central del mundo) totalmente diferente del significado que posee según el punto de vista que coloca este núcleo del mundo en un Más allá no accesible a nuestra investigación. Quienquiera que vea en este mundo que yace ante nosotros, en la medida en que lo experimentemos o lo penetremos a través del pensamiento, nada más que un reflejo, una copia de un Más Allá, un desconocido, un activador, que permanece oculto detrás de este caparazón, no solo a primera vista sino también a pesar de toda la investigación científica, tal persona solo puede ver en el método de prueba un sustituto de nuestra falta de comprensión de la naturaleza real. de cosas. Dado que no penetra en la opinión de que una combinación de pensamientos se produce a través del contenido esencial dado en los pensamientos mismos, y por lo tanto a través de la cosa misma, necesariamente piensa que puede apoyar tales combinaciones solo sobre la base de que armonizan con ciertas convicciones básicas (axiomas) que son tan simples que no son susceptibles de prueba ni necesitan ella. Si, entonces, se le ofrece un postulado científico sin prueba, incluso uno que en toda su naturaleza excluye el método de prueba, esto le parece que se le ha impuesto desde afuera; Una verdad aparece ante él sin que él reconozca cuáles son los fundamentos de su validez. No cree que tenga un elemento de conocimiento, una visión de la cosa, sino que piensa que sólo puede ceder a la creencia de que existe algún tipo de razones para esta validez más allá del alcance de su pensamiento.

Nuestra visión del mundo no está expuesta al peligro de que deba considerar que los límites del método de prueba coinciden con los límites de la certeza científica. Nos ha llevado al punto de vista de que la esencia central del mundo fluye en nuestro pensamiento; que no pensamos meramente *en la* naturaleza del mundo, sino que el pensamiento es una entrada a la conexión con la naturaleza de la realidad. La intuición no nos impone una verdad desde fuera, porque desde un punto de vista no hay tal cosa como un exterior y un interior en la manera en que estos son presupuestados por la actitud científica que hemos descrito, que es lo opuesto a la nuestra. Para nosotros, la intuición es el verdadero ser-dentro, una entrada a la verdad que nos da todo lo que viene de alguna manera bajo consideración con respecto a la verdad. Se funde completamente con lo que se nos da en nuestro juicio intuitivo. La característica que es significativa en la creencia —que sólo se nos da la verdad existente y no las razones por las mismas, y que carecemos de una visión penetrante de la cosa en cuestión— es aquí totalmente deficiente. La percepción obtenida por medio de la intuición es tan científica como la obtenida por la prueba.

Cada organismo es el moldeado del tipo en una forma especial. Es una individualidad que gobierna y se determina a sí misma desde un centro hacia afuera. Es una totalidad completa en sí misma, lo que en la naturaleza inorgánica es cierto solo para el cosmos.

El ideal de la ciencia inorgánica es captar la totalidad de todos los fenómenos como un sistema unitario, para que podamos acercarnos a cada fenómeno con la conciencia de que lo reconocemos como miembro del cosmos. En la ciencia orgánica, por el contrario, el ideal debe ser tener en la mayor totalidad posible en el tipo y sus formas fenoménicas lo que vemos evolucionar en la serie de seres individuales. Rastrear el tipo a través de todos los fenómenos es aquí lo que importa. En la ciencia inorgánica el sistema existe; en orgánico la comparación (de cada forma individual con el tipo).

El análisis espectral y el perfeccionamiento de la astronomía extienden al universo las verdades alcanzadas en la esfera limitada de la tierra. De este modo, estas ciencias se acercan al primer ideal. El segundo se cumplirá cuando el método comparativo aplicado por Goethe sea reconocido en su alcance completo.

SEXTA PARTE: Las ciencias espirituales o culturales

INTRODUCCIÓN: ESPÍRITU Y NATURALEZA

Hemos agotado el reino del conocimiento de la Naturaleza. Los orgánicos son la forma más elevada de ciencia natural. Lo que está aún más alto son las ciencias espirituales o culturales. Estos requieren una actitud esencialmente diferente de la mente humana hacia los objetos de la que caracteriza a las ciencias naturales. En este último la mente tiene un papel universal que desempeñar. Su tarea es, por así decirlo, llevar el propio proceso mundial a una conclusión. Lo que existía sin la mente era sólo la mitad de la realidad; Estaba incompleto, en cada punto sólo un fragmento. Allí la mente tiene que llamar a la existencia fenoménica a las fuerzas más íntimas de la realidad, aunque éstas hubieran tenido validez sin su intervención subjetiva. Si el hombre fuera un mero ser sensorial sin concepción mental, la Naturaleza inorgánica sería, sin embargo, dependiente de las leyes naturales; Pero estos nunca llegarían como tales a la existencia manifiesta. Ciertamente existirían seres que percibirían el producto (el mundo de los sentidos) pero nunca percibirían la producción (la conformidad interna con la ley). Es realmente la forma genuina, y de hecho la más verdadera, de la Naturaleza la que se manifiesta en la mente humana, mientras que para un mero ser sensorial sólo existiría el aspecto externo de la Naturaleza. El conocimiento juega aquí un papel de importancia mundial. Es la conclusión de la obra de la creación. Lo que tiene lugar en la conciencia humana es la interpretación de la Naturaleza a sí misma. El pensamiento es el último miembro de la serie de procesos mediante los cuales se forma la Naturaleza.

No es así en el caso de la ciencia cultural. Aquí nuestra conciencia tiene que ver con el contenido espiritual mismo; con el espíritu humano individual, con las creaciones de la cultura, de la literatura, con las sucesivas convicciones científicas, con las creaciones del arte. Lo espiritual es captado por el espíritu. La realidad posee aquí en sí misma el ideal, la conformidad con la ley, que en otros lugares aparece primero en la concepción mental. Lo que aparece en las ciencias naturales sólo como un producto de la reflexión sobre el objeto nace aquí en el objeto. El conocimiento juega un papel diferente; El ser esencial estaría presente en los objetos aquí sin el trabajo del conocimiento. Son las acciones humanas, las creaciones, las ideas con las que tenemos que lidiar. Es una interpretación del ser humano para sí mismo y para su raza. El conocimiento tiene aquí una misión diferente que cumplir con eso en relación con la naturaleza.

Una vez más, esta misión se manifiesta primero como una necesidad humana. Así como la necesidad de encontrar, en relación con la realidad de la Naturaleza, la Idea de la Naturaleza aparece al principio como una necesidad de nuestras mentes, así también aquí la función de la ciencia cultural existe primero como un impulso humano. Una vez más, es sólo un hecho objetivo que se anuncia como una necesidad subjetiva.

El ser humano no debe, como un ser de naturaleza inorgánica, actuar sobre otro ser de acuerdo con normas externas, de acuerdo con la ley que lo domina; tampoco debe ser la forma única de un tipo general; Pero él mismo debe fijar el propósito, la meta, de su existencia, de su actividad. Si sus acciones son el resultado de leyes, estas leyes deben ser tales como él se da a sí mismo. Lo que él es en sí mismo, lo que es entre los de su propia especie, en el estado y en la historia, esto no debe ser por razón de determinaciones externas. Él debe ser esto de sí mismo. Cómo encaja en la textura del mundo depende de sí mismo. Debe encontrar el punto en el que participar en el mecanismo del mundo. Es aquí donde las ciencias culturales reciben su función. El hombre debe conocer el mundo espiritual para tomar su parte en ese mundo de acuerdo con este conocimiento. Aquí se origina la misión que la psicología, la ciencia de los pueblos, [13] y la ciencia de la historia tienen que cumplir.

Esta es la esencia de la Naturaleza: que la ley y la actividad se separan una de la otra, y la actividad parece estar controlada por la ley; Pero esto, por el contrario, es la esencia de la libertad: que los dos coinciden, que la producción existirá inmediatamente en el producto y que el producto será dueño de sí mismo.

Por lo tanto, las ciencias culturales son en el más alto grado ciencias de la libertad. La idea de libertad debe ser su punto central, su idea dominante. Es por esta razón que las cartas de Schiller sobre la estética toman un rango tan alto, porque se comprometen a encontrar la naturaleza de la belleza en la idea de libertad, porque la libertad es el principio que las impregna.

El espíritu ocupa sólo ese lugar en lo universal, en la totalidad del mundo, que se da a sí mismo como individuo. Mientras que lo universal, el tipo Idea, debe mantenerse constantemente en mente en los orgánicos, la idea de la personalidad debe mantenerse firme en las ciencias espirituales. No la Idea como vive en lo general (el tipo) sino como aparece en el ser único (el individuo), es aquí el asunto en cuestión. Naturalmente, no es la personalidad casual, ni esta o aquella personalidad, lo que es determinante, sino la personalidad como tal; Sin embargo, no a medida que esto evoluciona de sí mismo hacia afuera hacia formas especializadas y así llega primero a la existencia sensible, sino suficiente en sí mismo, dentro de sí mismo circunscrito, encontrando en sí mismo su destino.

El destino del tipo es encontrarse realizado en el individuo. El destino de la persona es lograr, incluso como una entidad ideal, una existencia real autosuficiente. Cuando hablamos de la humanidad en general y cuando hablamos de una ley natural general, estas son dos cosas muy diferentes. En este último caso, el particular es determinado por el general; En la idea de humanidad, lo general está determinado por lo particular. Si somos capaces de discernir las leyes generales de la historia, éstas son tales sólo en la medida en que fueron establecidas por personalidades históricas como metas o ideales. Este es el contraste interno entre la naturaleza y el espíritu. El primero requiere un conocimiento que asciende de lo inmediatamente dado, como lo condicionado, a lo que puede ser captado por la mente, al condicionamiento; Este último requiere un conocimiento tal como procede de lo dado como el condicionamiento a lo condicionado. Que lo particular establezca la ley es característico de las ciencias espirituales; Que este papel pertenece a lo general caracteriza a las ciencias naturales.

Lo que es valioso para nosotros en las ciencias naturales sólo como un punto de transición, lo particular, es nuestro único interés en las ciencias espirituales. Lo que buscamos en el primer caso, el general, se considera en el segundo sólo en la medida en que nos interpreta lo particular.

Sería contrario al espíritu de la ciencia si en presencia de la Naturaleza nos limitáramos a lo particular. Pero sería completamente fatal para el espíritu si comprendiéramos la historia griega, por ejemplo, en un esquema general de conceptos. En el primer caso, los sentidos, aferrados a lo fenoménico, no lograrían ninguna ciencia; En este último, la mente, procediendo de acuerdo con un patrón general, perdería todo sentido para el individuo.

COGNICIÓN PSICOLÓGICA

La primera ciencia en la que el espíritu humano trata consigo mismo es la psicología. La mente aquí está observándose a sí misma.

Fichte asignó una existencia al hombre sólo en la medida en que el hombre se lo atribuye a sí mismo. En otras palabras, la personalidad humana sólo tiene aquellos rasgos, características, capacidades que se atribuye a sí misma a través de la comprensión de su propio ser. Una capacidad humana de la que un hombre no sabía nada no sería reconocido por él como propia, sino que sería atribuida a alguien ajeno a él. Cuando Fichte supuso que podía basar todo el conocimiento del universo en esta verdad, estaba equivocado. Está ordenado para ser el principio más elevado de la psicología. Determina el método de la psicología. Si el espíritu humano posee una característica sólo en la medida en que se la atribuye a sí mismo, entonces el método psicológico consiste en la inmersión de la mente en su propia actividad. Aquí, entonces, la auto aprehensión es el método.

Es obvio que en esta discusión no restringimos la psicología a ser la ciencia de las características fortuitas de cualquier individuo humano (este o aquel). Liberamos a la mente única de sus limitaciones fortuitas, de sus rasgos accesorios, y buscamos elevarnos a una consideración del individuo humano en general.

De hecho, lo que es determinante no es que consideremos la individualidad totalmente fortuita, sino que aclaremos nuestras mentes en cuanto al individuo autodeterminado en general. Quienquiera que diga en este punto que en ese caso deberíamos estar tratando con nada más que el tipo de humanidad confunde el tipo con el concepto generalizado. Es esencial para el tipo que, como lo general, confronte sus formas únicas. No es así con el concepto del individuo humano. Aquí lo general es activo inmediatamente en el ser individual, excepto que esta actividad se expresa de varias maneras según el objeto hacia el cual se dirige. dirigido. El tipo existe en formas únicas y en ellas entra en actividad recíproca con el mundo externo. El espíritu humano tiene una sola forma. Pero en un caso ciertos objetos mueven sus sentimientos; en otro este ideal lo inspira a las acciones; etc. No es una forma especializada del espíritu humano; Siempre es el hombre completo y completo con quien tenemos que tratar. Debe ser liberado de su entorno si ha de ser comprendido. Si deseamos llegar al tipo, debemos ascender de la forma única a la forma primaria; Si queremos llegar al espíritu humano, debemos ignorar las expresiones en las que se manifiesta, los actos especiales en los que se manifiesta. lo realiza y lo observa en sí mismo. Debemos descubrir cómo se comporta en general, no cómo se ha comportado en tal o cual situación. En el caso del tipo debemos separar la forma universal, en comparación, de las formas únicas; en psicología debemos separar las formas únicas sólo de su entorno.

Aquí el caso ya no es el mismo que en los orgánicos, que en el ser particular reconocemos el moldeado de la forma primaria; Pero aquí, al percibir las formas únicas, reconocemos la forma primordial misma. El ser espiritual del hombre no es *una* formación de su Idea, sino la formación de esta. Cuando Jacobi cree que, al tomar conciencia de nuestra entidad interior, al mismo tiempo alcanzamos la convicción de que un ser unitario se encuentra en la base de Esta entidad (auto aprehensión intuitiva) su pensamiento está en error, porque realmente nos damos cuenta de este ser unitario en sí mismo. Lo que de otra manera es intuición se convierte aquí en autocontemplación. Con respecto a la forma más elevada de ser, esto también es una necesidad objetiva. Lo que el espíritu humano puede leer de los fenómenos es la forma más elevada de contenido que puede alcanzar. Si el espíritu reflexiona sobre sí mismo, debe reconocerse a sí mismo como la manifestación directa de esta altura: como, de hecho, su portador mismo. Lo que el espíritu encuentra como unidad en la realidad multiforme, esto debe encontrarlo en su propia unicidad como existencia inmediata. Lo que contrasta con la particularización como lo general, esto debe atribuirlo a su propia individualidad como su propia naturaleza.

De todo esto queda claro que una verdadera psicología sólo puede alcanzarse cuando entramos en el carácter del espíritu humano en su actividad. Hoy en día, en lugar de este método, se ha hecho el esfuerzo de establecer otro en el que el tema de la psicología ha sido, no el espíritu humano en sí, sino los fenómenos en los que el espíritu expresa su existencia. Se supone que las expresiones externas de la mente pueden ser llevadas a una interrelación externa, como se puede hacer con los hechos de la Naturaleza inorgánica. De esta manera se hace el esfuerzo de fundar una "teoría del alma sin alma". De nuestras reflexiones se hace evidente que, por tal método, perdemos de vista lo que es importante. Lo que debe hacerse es separar el espíritu humano de sus manifestaciones y volver al espíritu mismo como productor de estas. Los psicólogos se limitan a lo primero y pierden de vista lo segundo. Justo aquí se han dejado llevar al falso punto de vista que aplicaría a todas las ciencias los métodos de la mecánica, la física, etc...

El alma unitaria nos es dada en la experiencia, al igual que sus acciones individuales. Todo hombre es consciente del hecho de que su pensamiento, sentimiento y voluntad proceden de su ego. Cada actividad de nuestra personalidad está ligada a este centro de nuestro ser. Si, en el caso de cualquier acción, ignoramos esta unión con la personalidad, deja de ser una manifestación del alma. Pertenece al concepto de naturaleza inorgánica u orgánica. Si dos bolas yacen sobre la mesa, y empujo una contra la otra, todo lo que sucede se resuelve en ocurrencia física o fisiológica, si mi propósito y se ignoran. En todas las manifestaciones del espíritu humano —pensar, sentir, querer— lo importante es reconocerlas en su naturaleza esencial como expresiones de la personalidad. Es sobre esto que descansa la psicología.

Pero el hombre no se pertenece sólo a sí mismo; Él pertenece también a la sociedad. Lo que se manifiesta en él no es simplemente su propia individualidad, sino al mismo tiempo la del grupo folclórico al que pertenece. Lo que realiza procede de la fuerza folclórica de su pueblo, así como de su propia fuerza. En su misión cumple una parte de la de sus parientes populares. Lo importante es que su lugar entre su pueblo sea tal que pueda llevar a la completa eficacia el poder de su individualidad. Esto es posible sólo cuando el organismo popular es de tal tipo que la persona soltera puede encontrar el lugar donde puede plantar su palanca. No debe dejarse al azar si encontrará o no este lugar.

La forma de indagar cómo vive el individuo dentro del grupo social de su pueblo es un asunto de la ciencia de los pueblos y la ciencia del estado. La individualidad popular es el tema de esta ciencia. Tiene que mostrar qué forma debe asumir el organismo del Estado para que la individualidad popular se exprese dentro de él. La constitución que un pueblo se da a sí mismo debe evolucionar fuera de su naturaleza más íntima. Aquí también hay falacias actuales de no poca importancia. La ciencia del estado no se considera una ciencia experiencial. Se sostiene que la constitución de cada pueblo puede determinarse de acuerdo con un cierto patrón estereotipado.

Pero la constitución de un pueblo no es otra cosa que su carácter individual llevado a formas bien determinadas de la ley. Quienquiera que indique de antemano la dirección en la que debe moverse una actividad definida de un pueblo no debe imponerle nada desde fuera: simplemente debe expresar lo que yace inconsciente en el carácter de las personas. "No es la persona inteligente la que controla, sino la inteligencia; no la persona racional, sino la razón", dice Goethe.

Comprender la individualidad popular como racional es el método en la ciencia de los pueblos. El hombre pertenece a un todo cuya naturaleza consiste en la organización de la razón. Aquí también podemos citar una palabra significativa de Goethe: "El mundo racional debe ser concebido como una gran Individualidad Inmortal que incesantemente lleva a cabo lo que es necesario y así se hace dueño de lo fortuito". Así como la psicología investiga la naturaleza del individuo, así la ciencia de los pueblos debe investigar esa "individualidad inmortal".

LIBERTAD HUMANA

Nuestro punto de vista en cuanto a las fuentes de nuestro conocimiento no puede estar exento de influencia sobre nuestro punto de vista con respecto a la conducta práctica. El hombre se comporta de acuerdo con las caracterizaciones del pensamiento que se encuentran dentro de él. Lo que realiza está dirigido de acuerdo con propósitos, metas, que establece para sí mismo. Pero es obvio que estas metas, propósitos, ideales, etc., tendrán el mismo carácter que el resto del mundo del pensamiento del hombre. Por lo tanto, una ciencia dogmática debe resultar en una verdad práctica esencialmente diferente a la que se desprende de nuestra teoría del conocimiento. Si las verdades a las que una persona llega en conocimiento están determinadas por la necesidad objetiva que reside fuera del pensamiento, tales serán también los ideales que establece como las bases de su conducta. En ese caso, una persona se comporta de acuerdo con leyes en cuyo establecimiento no tiene parte en ningún sentido real: piensa una norma para sí misma que está preordenada para su comportamiento desde afuera. Pero este es el carácter de un mandamiento que el hombre tiene que obedecer. El dogma como verdad práctica es un mandamiento moral.

El caso es completamente diferente cuando la teoría del

conocimiento aquí presentada se hace básica. Esto no reconoce otra base para las verdades que el contenido del pensamiento que reside dentro de estas. Por lo tanto, cuando un ideal moral llega a existir, es el poder interno que reside en su contenido el que gobierna nuestra conducta. No es porque un ideal nos sea dado como ley que nos comportemos de acuerdo con él, sino porque el ideal, en virtud de su contenido, está activo dentro de nosotros, nos dirige. El impulso hacia la conducta se encuentra, no sin nosotros, sino dentro de nosotros. Si nos sentimos sometidos al mandamiento del deber, deberíamos ser obligados a comportarnos de una manera definida, porque así se ordenó. Aquí *vendrá* primero y después la *voluntad,* que debe unirse a la primera. Esto no es cierto según nuestro punto de vista. La voluntad es soberana. Realiza sólo lo que yace como contenido de pensamiento en la personalidad humana. El hombre no recibe leyes de un Poder externo; Él es su propio legislador.

¿Quién, de hecho, según nuestra visión del mundo, debería dárselo? El Fundamento-Mundo se ha derramado completamente en el mundo; no se ha alejado del mundo para controlarlo desde fuera, sino que lo impulsa desde dentro; no se ha retenido del mundo. La forma más elevada en la que emerge dentro de la realidad de la vida ordinaria es la del pensamiento y, con esto, la personalidad humana. Si, entonces, el Fundamento-Mundo tiene metas, éstas son idénticas a las metas que el hombre establece para sí mismo a medida que manifiesta su propio ser. El hombre no se está comportando de acuerdo con los propósitos del Poder Guía del mundo cuando investiga uno u otro de Sus mandamientos, sino cuando se comporta de acuerdo con su propia visión. Porque en él se manifiesta el Poder Guía del mundo. Él no vive como Will en algún lugar fuera del hombre; Ha renunciado a su propia voluntad para que todo dependa de la voluntad del hombre. Si el hombre ha de ser capacitado para convertirse en su propio legislador, todo pensamiento sobre las determinaciones del mundo fuera del hombre debe ser abandonado.

Aprovechamos esta oportunidad para llamar la atención sobre el excelente tratamiento del tema por Kreyenbühl en*Philosophische Monatsheften* (Vol. 18, No. 3). Este artículo explica correctamente cómo las máximas de nuestra conducta resultan directamente de la determinación de nuestra individualidad; Cómo todo lo que es éticamente grande no se da a través del poder de la ley moral, sino que se realiza sobre la base del impulso directo de una idea individual.

Sólo desde este punto de vista es posible una verdadera libertad humana. Si el hombre no lleva dentro de sí la razón de su conducta, sino que debe guiarse de acuerdo con los mandamientos, entonces actúa bajo una compulsión; está bajo una necesidad casi como una mera entidad de la Naturaleza.

Nuestra filosofía es, por lo tanto, en el sentido más

elevado una filosofía de la libertad. Muestra primero teóricamente cómo toda fuerza que controla el mundo desde fuera debe desaparecer para hacer del hombre su propio amo, en el mejor de todos los sentidos de esa palabra. Cuando el hombre actúa moralmente, esto no es, desde nuestro punto de vista, el cumplimiento del deber, sino la expresión de su naturaleza totalmente libre. El hombre actúa, no porque debería, sino porque quiere. Este punto de vista que Goethe también tenía en mente cuando dijo: "Lessing, que era consciente a regañadientes de muchos tipos de limitaciones, hace que uno de sus personajes diga: 'Nadie debe, debe'. Un hombre brillante y feliz dijo: "El que quiere, debe". Un tercero, sin duda, una persona educada, agregó: "El que tiene perspicacia también quiere". No hay impulso, por lo tanto, para nuestra conducta excepto nuestra propia perspicacia. El hombre libre actúa de acuerdo con su perspicacia, sin la intrusión de ningún tipo de compulsión, de acuerdo con las órdenes que se da a sí mismo.

Es sobre estas verdades que gira la conocida controversia Kant-Schiller. Kant tomó el punto de vista del mandamiento del deber. Pensó que era degradante para la ley moral hacerla dependiente de la subjetividad humana. Según su punto de vista, el hombre actúa moralmente sólo cuando destierra todos los motivos subjetivos en su conducta y simplemente se inclina ante la majestad del deber. Schiller vio en este punto de vista una degradación de la naturaleza humana. ¡Debe ser esto tan malo que sus propios impulsos deben ser completamente dejados de lado si ha de ser moral! La concepción del mundo de Schiller y Goethe sólo puede reconocer el punto de vista que hemos expuesto. El punto de partida para la acción humana debe buscarse en el hombre mismo.

Por esta razón, también en la historia, cuyo sujeto es el hombre, no debemos hablar de influencias sobre la conducta del hombre desde fuera, de ideas que residen en la época, etc. Menos aún debemos hablar de un plan que constituya la base de la historia. La historia no es más que la evolución de la acción humana, los puntos de vista, etc. Goethe dijo: "En todas las épocas son solo los individuos los que han sido efectivos para la ciencia, no la edad. Fue la época que mató a Sócrates con veneno; la edad que quemó a Huss; Las edades siempre han permanecido iguales". Todas las construcciones *a priori* de planes que se supone que forman la base de la historia son contrarias al método histórico, ya que esto surge de la naturaleza de la historia. El objetivo de la historia es aprender lo que los hombres contribuyen para el avance de su raza; para aprender qué meta se ha fijado esta o aquella personalidad, qué dirección ha dado a su edad. La historia debe basarse enteramente en la naturaleza humana. La voluntad, las tendencias de la naturaleza humana, deben ser captadas. Nuestra ciencia del conocimiento excluye toda posibilidad de que un propósito deba ser atribuido a la historia, como si los hombres fueran educados desde una etapa inferior de perfección a una superior, etc. De la misma manera parece falaz desde nuestro punto de vista cuando se hace el esfuerzo (como lo hace Herder en *Ideas para una filosofía* de la historia de la humanidad) para establecer los acontecimientos históricos en el debido orden como hechos de la Naturaleza, de acuerdo con la sucesión de causa y efecto. Las leyes de la historia son de un tipo mucho más elevado. Un hecho en física está tan determinado por otro que la ley está por encima del fenómeno. Un hecho histórico, como algo ideal, está determinado por el ideal. Aquí se puede hablar de causa y efecto sólo cuando uno depende totalmente de lo externo. ¿Quién podría creer que está de acuerdo con los hechos cuando llama a Lutero la causa de la Reforma? La historia es una ciencia de ideas. Su realidad consiste en ideas. Por lo tanto, la devoción al objeto es el único método correcto. Cada paso más allá de eso no es histórico.

La psicología, la ciencia de los pueblos y la historia son las principales formas de ciencia espiritual o cultural. Sus métodos, como hemos visto, se basan en la comprensión directa de la realidad ideal. Su tema es la Idea, lo espiritual, como el de la ciencia inorgánica es la ley natural y el de los orgánicos es el tipo.

OPTIMISMO Y PESIMISMO

Hemos visto que el hombre es el punto central del orden mundial. Como espíritu, alcanza la forma más elevada de existencia, y en pensamiento logra el proceso del mundo más altamente perfeccionado. Las cosas realmente son sólo como están iluminadas por él. Este es un punto de vista según el cual el hombre posee en sí mismo la base, la meta y la esencia central de su propia existencia. Hace del hombre un ser autosuficiente. Debe encontrar dentro de sí mismo el apoyo para todo lo que le pertenece, incluso, por lo tanto, para su felicidad. Si esto ha de llegar a él, debe deberlo solo a sí mismo. Cualquier Poder que se lo otorgue desde afuera lo condena a la servidumbre. Nada puede otorgar satisfacción a un ser humano excepto aquello a lo que él mismo le ha dado primero esta capacidad. Si algo ha de constituir una felicidad para nosotros, primero debemos proporcionar nosotros mismos el poder a través del cual esto puede ocurrir. El placer y el displacer están presentes para un ser humano, en el sentido superior, sólo en la medida en que él mismo los experimente como tales. De ahí que todo optimismo y todo pesimismo caigan por tierra. El primero supone que el mundo es de tal carácter que todo en él es bueno, que lleva al hombre a la felicidad más alta. Pero, para que esto sea cierto, él mismo debe obtener primero de los objetos del mundo algo que anhela: es decir, no puede ser feliz por medio del mundo, sino sólo por sí mismo.

El pesimismo, por el contrario, piensa que el orden del mundo es tal que deja al hombre para siempre infeliz, que nunca podrá ser feliz. La objeción mencionada antes naturalmente también se aplica aquí. El mundo exterior no es, en sí mismo, ni bueno ni malo; se convierte en lo uno o en lo otro sólo a través del hombre. El hombre primero tendría que hacerse infeliz, si el pesimismo tuviera alguna base. Tendría que llevar dentro de sí un anhelo de infelicidad. Pero la satisfacción de este anhelo da una base para su felicidad. El pesimismo tendría que asumir, consistentemente, que el hombre ve su felicidad en la infelicidad. Pero aquí tal punto de vista terminaría en una nulidad. Estas únicas objeciones muestran con bastante claridad la falacia del pesimismo.

SEPTIMA PARTE: Conclusión

CONOCIMIENTO CIENTÍFICO Y CREACIÓN ARTÍSTICA

Nuestra teoría del conocimiento ha librado a la cognición del carácter meramente pasivo a menudo asociado con ella, y la ha concebido como una actividad del espíritu humano. Generalmente se supone que el contenido del conocimiento se recibe desde fuera; De hecho, se supone que preservamos la objetividad del conocimiento en la medida en que nos abstenemos de agregar algo propio al material que se apodera de él. Nuestra discusión ha demostrado que el verdadero contenido del conocimiento nunca es el material del que nos damos cuenta, sino la Idea concebida en la mente, que nos lleva más profundamente en el tejido del mundo que cualquier análisis y observación del mundo externo como mera experiencia. La idea es el contenido del conocimiento. En contraste con la percepción recibida pasivamente, el conocimiento es, por lo tanto, el producto de la actividad de la mente humana.

De este modo hemos acercado la cognición y la creación artística, que también es un producto de la actividad del hombre. Pero al mismo tiempo hemos introducido la necesidad de aclarar la relación mutua de los dos.

La actividad de la cognición, así como la del arte, requiere que el hombre se eleve de la realidad como producto a la realidad como productora; que ascienda de lo creado a la creación; Del azar a la necesidad. Mientras que la realidad externa siempre nos muestra sólo un producto de la Naturaleza creativa, nos elevamos en el espíritu a la unidad de la Naturaleza, que ahora se nos aparece como lo que crea. Cada objeto de la realidad representa para nosotros una de las innumerables posibilidades que yacen ocultas en el seno creativo de la Naturaleza. Nuestra mente se eleva a la visión de esa fuente en la que están contenidas todas estas potencialidades. La ciencia y el arte son sólo los objetos sobre los cuales el hombre estampa lo que esta visión le ofrece. En la ciencia esto ocurre sólo en la forma de la Idea: es decir, en el medio directamente mental o espiritual. En el arte ocurre en objetos sensible o mentalmente perceptibles. En la ciencia, la Naturaleza, como "lo que incluye cada uno", aparece puramente como Idea; En el arte, un objeto del mundo externo aparece como un representante del todo incluido. El infinito, que la ciencia busca en lo finito y se esfuerza por representar en la Idea, está estampado por el arte sobre un material tomado del mundo de la existencia. Lo que aparece en la ciencia como la Idea es en el arte la imagen. El mismo infinito es el objeto tanto de la ciencia como del arte, excepto que su apariencia aquí es diferente de su apariencia allí. La forma de representación es diferente. Goethe criticó la práctica de hablar de la idea de lo bello como si lo bello fuera otra cosa que el reflejo sensible de la Idea.

Aquí uno ve cómo el verdadero artista debe crear a partir de la fuente de toda existencia; cómo imprime en sus obras lo inevitable que, en la ciencia, buscamos en forma de Ideas en la Naturaleza y en la mente. La ciencia descubre en la naturaleza su conformidad con la ley; El arte no hace menos, excepto que imprime esto en la materia cruda. Un producto artístico no es menos una parte de la naturaleza que un producto natural, excepto que la ley natural se ha vertido en la primera a medida que se manifiesta a la mente humana. Las grandes obras de arte que Goethe vio en Italia le parecieron expresiones directas de lo inevitable percibido por el hombre en la Naturaleza. Para Goethe, por lo tanto, el arte también es una manifestación de las leyes secretas de la Naturaleza.

En una obra de arte todo depende del grado en que un artista ha implantado la Idea en la materia. No lo que maneja, sino cómo lo maneja, es el punto importante. Si en la ciencia la sustancia percibida externamente tiene que estar completamente sumergida para que sólo permanezca su naturaleza esencial, la Idea, en la producción artística esta sustancia debe permanecer excepto que sus peculiaridades, sus no esenciales, deben ser completamente sometidas por el tratamiento artístico. El objeto debe elevarse completamente por encima de la esfera de lo accidental y transferirse a la de lo inevitable. En la belleza artística no debe quedar nada en el que el artista no haya impreso su propio espíritu. El *qué* debe ser superado por el *cómo*.

La superación de lo sensible por el espíritu es el objetivo del arte y de la ciencia. Este último supera lo sensible resolviéndolo completamente en espíritu; el primero a través de implantar el espíritu en él. La Ciencia ve la Idea a través de lo sensible; el arte ve la idea en lo sensible. Una frase de Goethe que exprese estas verdades de manera comprensiva puede servir para cerrar nuestras reflexiones: "Creo que la ciencia podría llamarse el conocimiento del conocimiento general y abstracto; el arte, por otro lado, sería ciencia aplicada en una acción; La ciencia sería la razón y el arte su mecanismo, de modo que también podría llamarse ciencia práctica. Finalmente, por lo tanto, la ciencia sería el teorema y el arte el problema".